走进生命科学丛书
ZOUJIN SHENGMING
KEXUE CONGSHU

SHENGMING DE QIYUAN

生命的起源

本书编写组◎编

U0305976

世界图书出版公司
广州·北京·上海·西安

图书在版编目（CIP）数据

　　生命的起源/《生命的起源》编写组编著. —广州：
广东世界图书出版公司，2010.2（2024.2重印）
　　ISBN 978−7−5100−1618−9

　　Ⅰ．①生… Ⅱ．①生… Ⅲ．①生命起源−青少年读物
Ⅳ．①Q10−49

　　中国版本图书馆 CIP 数据核字（2010）第 024724 号

书　　　名	生命的起源
	SHENGMING DE QIYUAN
编　　　者	《生命的起源》编写组
责任编辑	康琬娟
装帧设计	三棵树设计工作组
出版发行	世界图书出版有限公司　世界图书出版广东有限公司
地　　　址	广州市海珠区新港西路大江冲 25 号
邮　　　编	510300
电　　　话	020-84452179
网　　　址	http://www.gdst.com.cn
邮　　　箱	wpc_gdst@163.com
经　　　销	新华书店
印　　　刷	唐山富达印务有限公司
开　　　本	787mm×1092mm　1/16
印　　　张	10
字　　　数	120 千字
版　　　次	2010 年 2 月第 1 版　2024 年 2 月第 12 次印刷
国际书号	ISBN　978-7-5100-1618-9
定　　　价	48.00 元

前　言
PREFACE

在地球之上，生命无处不在。生命以水为载体，不断地进行着吐故纳新、精度复制、温和分裂等过程，一代又一代地延续着各自的生命循环，共同演绎着生命的精彩。这些奇妙的生命是何而来的呢？自从人类诞生以来，人们就开始孜孜以求地探索这个谜题。

在科技尚不发达的年代，人们将生命之源归结于超自然的神力，如东方神话里的女娲造人、希腊神话里的普罗米修斯造人和《圣经·创世纪》所记载的上帝创造万物等均以超自然力量来解释生命之源。

随着科技的进步，人们对生命之源已经有了初步的认识。科学家们根据世界各地发现的生物化石，认为生命的起源于无机物，其过程是从无机物向生命有机物演化的一系列化学反应。地球上最先出现的生命是单细胞生物。

单细胞生物在适宜的环境下进化为藻类、植物、无脊椎动物、两栖动物、爬行动物、哺乳动物，直至人类，最终形成现在这个多样性的、多姿多彩的生命世界。生命起源是地球演化史上的一次最大的飞跃，使得地球历史从化学演化阶段推向生物演化阶段。

当然，生命起源和进化是一个漫长的过程，它就像一根长长的、有始无终的链条。而且，生命起源和进化的过程并不是一帆风顺的。这个过程经历了几十亿年，而且在进化的过程中很多生命灭绝了，其中最著名的灭绝事件就是曾经统治过地球的恐龙。

犹如生命起源和进化的阶梯是盘阶而上一样，人类对生命之源的探索，也是循着一条崎岖陡峭的山路奋力向上，其间有过迷雾，也有过挫折，甚至有过盘旋或绕道。但是，追随着无数有名和无名的思想家、生物学家在荆棘丛生中努力地探索着，壮丽斑斓的进化现象及其起源和发生机制，正在越来越清晰地呈现于我们面前，"生命之源"的大门被打开了。

不过，正如生命进化是一个无止境的过程一样，人类对于生命之源的探索也将是一个永无止境的过程。在生命之源中尚有许许多多的未解之谜等待着广大青少年朋友们去继续探索。我们真诚地希望，这本《生命的起源》能够成为你探索之旅的起点！由于编者的知识水平有限，书中难免会存在一些错误和纰漏之处，希望广大读者谅解并批评指正。

Contents
目 录

细胞的出现与演化

XIBAO DE CHUXIAN YU YANHUA

　　细胞是生命活动的基本单位。植物、动物、微生物，乃至结构最简单的病毒，其生命活动都离不开细胞。微生物以及原生动物都是由一个细胞组成，被称为单细胞生物；高等植物与高等动物则是由许许多多形态和功能不一的细胞组成的，被称为多细胞生物。病毒虽然是非细胞形态的生命体，但其生命活动也必须在细胞中才能实现。

　　细胞不但在生命活动中占有重要地位，在生命起源和进化过程中也功不可没。对古生物化石的研究结果表明，世界上所有的生物都起源于单细胞。原始地球上的二氧化碳、水、氨等无机物在适宜的环境下经化学反应合成了生命物质，成为了地球上最初的生命。单细胞进化为原生物，原生物先后演化出了初级植物和动物。而后，生命进化的历程便一路走来，直至人类的出现。由此可见，细胞处于生命进化链条的顶端，是一切生命之源。

细胞形成的条件和过程

细胞出现的天然条件

所组成细胞生物的基础单位是单细胞结构，那么，地球具备什么样的自然条件才能使单细胞出现呢？

细胞出现的天然条件应具备如下 16 个基本要素：

1. 太阳能量

太阳是一颗具有高度集中的高纯度碳化物在燃烧的火球，其燃烧过程也就是向地球不断输送能量和无机物质的过程。太阳能量使地球上的液态水、生物以及地表的所有物质能保持适当的温度和接收能量，以保证地球表面生态系统的平衡性和稳定性，太阳燃烧时所逐渐离开的物质起着不断使地球空间增大，并逐渐扩大地球质量的作用。太阳能量所散发出来的光和热，还能起到对物质产生一系列的物理化学反应作用。

2. 适中的距离

地球距离太阳不远不近，既能避免受太阳高温的影响，又能吸收足够的适宜生命生长的太阳光能；还能保持着适合生物生存的空气压力。同时，处于太阳燃烧中所产生的热能温差区域为零下几十至一百摄氏度的适中位置上，并在大气层的作用下，使地球表面大部分水呈稳定的液态现象，能为生命的诞生打下坚实的生态基础。

3. 二氧化碳

地球由于与太阳的距离适中，各种自然物质所含有的二氧化碳密度也适中，正好符合单细胞出现时（自养属性）作为天然食物（光合作用）的要求，为单细胞的出现和成长提供天然的食物来源。

4. 液态水

地表面积液态水占 70% 左右，非常稳定，能为生物的出现提供天然的生存场所，能保持着地面气温的稳定性，能为单细胞诞生提供光合作用的自然条件，并在太阳能的作用下使部分水呈气态现象，形成大气中具有氧、氢、氮以及二氧化碳等有利于生物成长的化学物质元素，为生物的出现提供天然的生存要素。

5. 大气层

能保持二氧化碳的适中数量，保护太阳能的能量免遭流失，保护地球地表。因为地球是吸引同轨道的星尘而不断发展壮大的，对较大的星体，在吸纳的过程中通过大气层的摩擦消耗，能起到对地球地表最大限度的保护作用；同时，大气层能保护水圈的循环，保持温度的差距，保持液态水的稳定性，保持氧、氢、氮的适当比例，保持空气的质量。能为生物的出现提供天然的生存环境和生存因素。

6. 恒温带

在太阳能量、海洋和大气层的作用下，围绕地球赤道附近从地面到天空中出现一条庞大的温度相对稳定的生命恒温带。生命恒温带一般来说是在5℃～35℃，这是生命出现和生存最为活跃的温度地带。

7. 公转

地球公转的方向自西向东，公转一周为1年。由于地球是围绕太阳燃烧强弱变化规律所引发磁力线轨道变化而运转的，因而，地球会产生时间和季节；同时，会直接影响与太阳的高度和昼夜长短的变化。

8. 自转

地球自转的方向同公转的方向一样，自转一周为1天，会产生昼夜交替的变化。也可以说是天体的周日运动和地转偏向力，带来日月星辰的东升西落的现象，有利于地表热能的平衡。

9. 南北两极

地球上的南北两极与赤道地域出现的温差形成了空气对流，地球在自转和公转中也会出现温差，也会形成空气对流和引力——风能和引力会使地表液态水翻起波浪和流动，为单细胞（生命）的诞生创造了自然条件。

地球上的水

10. 海洋、河、湖

能吸收大量的太阳能量，保证地球表面有个相对稳定的气候环境，并为生命提供足够的水分来源，为水生生物提供天然的生存场所。

11. 陆地

能吸收大量的太阳能量，保证空气的质量，为陆生生物提供天然的生存场所。

12. 地心吸力

能使地球保持一个稳定的生态环境，保护大气层的稳定性，使所有生命都能在地面上进行运动和生存。没有地心吸力，地球也不会成长壮大，所有生物的生存因素都将成为泡影。

13. 雨和雪

是陆生生物水的补充来源，是调节地表良性气候变化的主要途径，也是运输有机碳化物的主要动力来源。

14. 大雾

是陆生生物水的补充来源，是调节地表良性气候变化的补充途径。

15. 氧气

空气和水中含有适中的氧气，可提供给陆生和水生生物的呼吸与交换作用。生物为什么要依靠氧气交换才能生存呢？是与其单细胞形成时化学反应过程中的氧化作用有着密切的联系。

16. 月亮

能对地球围绕太阳轨道运行起平衡和保护作用。月亮围绕地球公转一周为 1 个月。同时，也能为陆生和水生生物中的夜生动物提供间接的光能来源，使其能在夜间里生存活动自如。

以上 16 个基本因素共同为地球构建一个呈良性的能适宜生命出现和生存的生态系统，这个生态系统在地球上何时形成，地球就何时会有生命的诞生。而事实上这个生态系统早已成熟，地球上的生命现实已经存在。根据科学家推测，地球生命的最早出现大约在 40 亿年前。应当说，40 亿年前地球的质量应该是很小的，那时地球上所形成的生态系统处于萌芽状态，还不成熟，对生命体而言环境是极为恶劣的，它们的寿命应该很短暂，而且体积是非常小的。

月　亮

单细胞的形成

我们已知地球无机物质主要有：二氧化碳、水和氮等化学物质。太阳系整个物质运动系统中，处在地球适中的位置和恒温带的作用下，使大部分的水会形成稳定的液态现象，渐渐地成为原始海洋。在地球自然形成的具备生命出现的天然条件下，由于有天然的南北两极和地球的自转和公转的特征，使地球表面出现了温差而产生风和引力。在风和引力的作用下，会引发液态水翻起波浪和进行水流运动。液态水与陆地（地球无机物质）之间不停地受到水的波浪和水流运动的冲击，波浪和水流不停地冲击地球物质——尘粒，并在太阳能量的作用下，使尘粒物质（二氧化碳、氮）和液态水出现物理化学反应，从而三者之间产生化合作用，并在一定时间的化合作用下，使无机的尘粒物质发生变化，并由无机物质向有机物质转变，从而形成一个有感觉的微小生命体。这些生命体在地球上的出现，统称它为单细胞。

单细胞形成之初是非常微小的，人类眼睛是无法看见的。由此可见，单细胞形成的物质本质，是太阳燃烧释放出来的二氧化碳、氮和水（液态）通过物理化学反应所形成的。单细胞除天生有感觉外，还天然具有染色体和线粒体这些化学物质，为今后逐步进化形成各类型细胞生物物种打下天生遗传、复制和记忆的物质基础。同时，它还具有自养和异养两种不同特征的天然属性。自地球形成上述的自然条件之后，单细胞就能持续诞生，正因为单细胞具有天然的自养和异养属性，它们的诞生就有二氧化碳、液态水和氮物质为其提供天然的生存要素。由此可以得出一条定律：自然界只要有稳定的液态水形成，就会有生命的持续诞生。相关科学家从湖泊、海洋中提取液态水样本时发现有数之不尽的单细胞和初级的多细胞生命存生。

综上所述，单细胞是由二氧化碳、氮和液态水三者化学反应所形成的有机化合物。在形成单细胞的过程中，水化和氧化起到重要的作用。因而，这种物质永远离不开液态水和适中氧气作为其今后繁衍的支撑要素。单细胞也称为有机分子，它天然具有感觉、遗传、自养和异养四重属性，而且靠固有的四重属性而不断繁衍和进化的。自单细胞出现后，能不间断地为地球输送新生命的来源。正因为地球上有了生命的诞生，太阳系才会实现从无机物质向有机物质转变的开始。生命进化得越高级，生产和制造碳化物的能力就越强。

自养和异养

自养和异养是生物摄取营养、维持生命循环的两种基本方式。自养生物，也称为生产者，是指可以利用阳光、空气中的二氧化碳、水以及土壤中的无机盐等，通过光合作用等生物过程制造有机物，为生态系统中各种生物的生活提供物质和能量。绿色植物和微生物大多属于自养生物。异养生物是相对于自养生物而言的，指的是那些只能将外界环境中现成的有机物作为能量和碳的来源，将这些有机物摄入体内，转变成自身的组成物质，并且储存能量的生物。

不过，自养与异养并无明显的界限，两者同时进行的有槲寄生和食虫植物等，一部分绿藻和许多光合细菌及化学合成细菌，随着条件的不同，也很容易以异养来进行生长的。

细胞的结构与生命遗传

把鸡蛋打在盘里，可以看到蛋白和蛋黄。蛋黄含有大量的蛋白质、脂肪、矿物质和维生素，这一切都是给蛋黄中那微带白色的小斑点提供的养料。这个小白点由细胞核与原生质组成，是鸡的胚胎。而蛋白主要由蛋白质组成以保护这精细的生命部分。

如果这个核接受了公鸡的精子，就能发育成一只小鸡。日常我们吃的多数鸡蛋是没有受精的。因此，鸡蛋实际上是具有一个核和原生质的巨型细胞。

人就是从一个受精卵发育而成的。当母亲体内的一个卵细胞接受了父亲的精细胞，受精之后，这个受精卵就开始一次又一次地分裂，使原先是一个细胞的受精卵变成了数十亿个细胞，直到组成你现在的身体。而每次分裂，核内的染色体都均等地进入所产生的两个子细胞内。

细　胞

细胞核还有另一个很重要的作用，它掌管着细胞的生命。如果你将细胞核从细胞中移走，细胞便立刻死亡。至于核控制细胞生命的机制，其中有些途径已经知道，但更多的是不知道的。

细胞质通常是指细胞核以外的一切活物质（不包括膜）。

细胞膜

它们的物理、化学结构将根据不同的细胞类型而异。神经细胞的细胞质产生和传递神经的信息，肌肉细胞的细胞质则具有很大的收缩能力。在不同的细胞里，细胞质导致这些细胞具有各种不同的结构和化学活动。而核能产生化学物质进入细胞质，并使细胞质去执行它的特殊任务。

每个细胞都被细胞膜所覆盖，使细胞内含物聚集在一起，并控制细胞水分和可溶物质的进入。活的动植物细胞膜很像设防的边界，与外界进行有选择的物质交换。有时候某种物质被允许大量进入细胞，但在另一个时刻，却又容许极小量或根本不允许某些物质进入细胞。

细胞壁。植物细胞的细胞膜外面有很硬的纤维素。这种纤维素壁对于植物（如树）起着加固和支持作用，但它不能控制可溶物质进入细胞。

细胞壁

细胞的大小。大多数细胞都只能在显微镜下看到。虽然有些神经细胞长达1微米多，但还是要用显微镜来观察，因为它的宽度是十分小的。在一个鸡蛋里，细胞的有生命部分仅仅是细胞膜和在卵黄表面的小斑点。在这个小斑点里包含着细胞质、核和它们的染色体。细胞膜包围了这些部分和卵黄。

一个鸡蛋要比大象的卵细胞大许多倍（当然象是不会生蛋的，但是所有的高等动物，包括象和人都是从一个受精卵发育而成的），所有的鸟都有较大的卵，这是由于它们都是卵生，幼体都是在鸟体外发育。因此，在卵内必须有地方为小鸟贮藏大量食物，而且要有足够的空间让小鸟在壳内发育和生长。

一般说卵细胞是最大的生物细胞，例如人类的卵细胞大约像一个小逗点那么大，不用放大镜也能看得见。如果你计算一下一个动物身体里的细胞，再平均计算一下这些细胞的大小，你会怎么想呢？谁的细胞大？是大象的细胞还是猫的细胞大呢？另一方面，在不同的动物身上，相似的细胞大小是否相同呢？如果是的话，就意味着象比猫大是因为有更多的细胞，或者象和猫都有相同数目的细胞，只是象的细胞要比猫的细胞大得多！是吗？那么幼体动物身上和成体动物身上，相同种类细胞的大小有无差异呢？只要用一架显微镜和各种动物组织的制片，就能很容易找到这些问题的答案了。就现在所知，某些单个细胞能变得非常复杂，并能完成如多细胞动物对生命活动所要求的各种功能。

知识点

染色体

染色体是细胞内具有遗传性质的物体，其本质是脱氧核甘酸，是细胞核内由核蛋白组成的有结构的线状体，易被碱性染料染成深色，所以叫染色体（染色质）。

每一种生物的染色体数是恒定的。多数高等动植物是二倍体，也就是说，每一身体细胞中有两组同样的染色体（有时与性别直接有关的染色体，即性染色体，可以不成对）。人的染色体数是46，即有23对染色体。

细菌的结构与生长繁殖

太阳在燃烧中会自然产生对细胞生物生长有妨碍的化学物质（以下统称为有毒物质），这些有毒的物质会随着尘粒转移到太空中去。在尘粒中带有毒性的化学物质元素不断发展壮大，当尘粒积聚到一定的质量，并在相互引力的作用下，使它们结合积聚时

细　菌

会产生冲击和碰撞的现象。当出现了火花时，也会产生有毒物质元素，这些有毒化学物质元素与尘粒紧密相依，相互依存。在行星体不断发展壮大的过程中，尘粒天然地存在着对生命体有害的毒性元素。然而，地球上的尘粒在天然条件下，在水流和波浪的冲击下会使尘粒产生化合作用，在尘粒物质发生质的变化的同时，有毒元素也随着尘粒的变化而变化。当尘粒转变成为微小的有感觉的碳水化合物生命个体（有机分子）时，有毒物质元素同时也以形成更为微小的化合物个体而存在于这个有感觉的个体之中，即存在于单细胞之中。它是作为一种比单细胞还要微小的单个孢子状生命形态而独立地依附在细胞之中而生存的，

各种细菌

它不是由单细胞结构所组成的生命形态，这种能在细胞中而独立生存的孢子状微小生命体，是一种原核生物。原核生物统称为细菌。

研究历史

细菌这个名词最初由德国科学家埃伦伯格（1795—1876年）在 1828 年提出，用来指代某种细菌。这个词来源于希腊语 βακτηριον，意为"小棍子"。

1866 年，德国动物学家海克尔（1834—1919 年）建议使用"原生生物"，包括所有单

病　毒

细胞生物（细菌、藻类、真菌和原生动物）。

1878 年，法国外科医生塞迪悦（1804—1883 年）提出"微生物"来描述细菌细胞或者更普遍的用来指微小生物体。

因为细菌是单细胞微生物，用肉眼无法看见，需要用显微镜来观察。1683 年，安东·列文虎克（1632—1723 年）最先使用自己设计的单透镜显微镜观察到了细菌，大概放大 200 倍。路易·巴斯德（1822—1895 年）和罗伯特·科赫（1843—1910 年）指出细菌可导致疾病。

形态结构

杆菌、球菌、螺旋菌、弧菌的形态各不相同，但主要都是由以下结构组成。

细胞壁

细菌结构。细胞壁厚度因细菌不同而异，

细菌结构

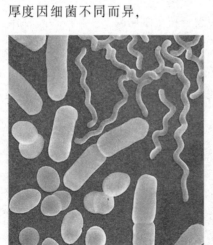

细菌的形态

一般为 15～30 纳米。主要成分是肽聚糖，由 N－乙酰葡糖胺和 N－乙酰胞壁酸构成双糖单元，以 β－1，4 糖苷键连接成大分子。N－乙酰胞壁酸分子上有四肽侧链，相邻聚糖纤维之间的短肽通过肽桥（革兰阳性菌）或肽键（革兰阴性菌）桥接起来，形成了肽聚糖片层，像胶合板一样，黏合成多层。

肽聚糖中的多糖链在各物种中都一样，而横向短肽链却有种间差异。革兰阳性菌细胞壁厚 20～80 纳米，有 15～

50 层肽聚糖片层，每层厚 1 纳米，含 20% ~ 40% 的磷壁酸（teichoic-acid），有的还具有少量蛋白质。革兰阴性菌细胞壁厚约 10 纳米，仅 2 ~ 3 层肽聚糖，其他成分较为复杂，由外向内依次为脂多糖、细菌外膜和脂蛋白。此外，外膜与细胞之间还有间隙。

肽聚糖是革兰阳性菌细胞壁的主要成分，凡能破坏肽聚糖结构或抑制其合成的物质，都有抑菌或杀菌作用。如溶菌酶是 N – 乙酰胞壁酸酶，青霉素抑制转肽酶的活性，抑制肽桥形成。

细菌细胞壁的功能包括：保持细胞外形；抑制机械和渗透损伤（革兰阳性菌的细胞壁能耐受 20 千克/平方厘米的压力）；介导细胞间相互作用（侵入宿主）；防止大分子入侵；协助细胞运动和分裂。

脱壁的细胞称为细菌原生质体或球状体（因脱壁不完全），脱壁后的细菌原生质体，生存和活动能力大大降低。

细胞膜

是典型的单位膜结构，厚 8 ~ 10 纳米，外侧紧贴细胞壁，某些革兰阴性菌还具有细胞外膜。通常不形成内膜系统，除核糖体外，没有其他类似真核细胞的细胞器，呼吸和光合作用的电子传递链位于细胞膜上。某些行光合作用的原核生物（蓝细菌和紫细菌），质膜内褶形成结合有色素的内膜，与捕光反应有关。某些革兰阳性细菌质膜内褶形成小管状结构，称为中膜体或间体，中膜体扩大了细胞膜的表面积，提高了代谢效率，有拟线粒体之称，此外还可能与 DNA 的复制有关。

细胞质与核质体

细菌和其他原核生物一样，没有核膜，DNA 集中在细胞质中的低电子密度区，称核区或核质体。细菌一般具有 1 ~ 4 个核质体，多的可达 20 余个。核质体是环状的双链 DNA 分子，所含的遗传信息量可编码 2000 ~ 3000 种蛋白质，空间构建十分精简，没有内含子。由于没有核膜，因此 DNA 的复制、RNA 的转录与蛋白质的合成可同时进行，而不像真核细胞那样，这些生化反应在时间和空间上是严格分隔开来的。

每个细菌细胞含 5000 ~ 50000 个核糖体，部分附着在细胞膜内侧，大部分游离于细胞质中。细菌核糖体的沉降系数为 70S，由大亚单位（50S）与小亚单位（30S）组成，大亚单位含有 23SrRNA，5SrRNA 与 30 多种蛋白质，小亚单位含有 16SrRNA 与 20 多种蛋白质。30S 的小亚单位对四环素与链霉素很敏感，50S 的大亚单位对红霉素与氯霉素很敏感。

细菌核区 DNA 以外的，可进行自主复制的遗传因子，称为质粒。质粒是裸露的环状双链 DNA 分子，所含遗传信息量为 2 ~ 200 个基因，能进行自我复制，有时能整合到核 DNA 中去。质粒 DNA 在遗传工程研究中很重要，常用作基因重组与基因转移的载体。

胞质颗粒是细胞质中的颗粒，起暂时贮存营养物质的作用。包括多糖、脂类、多磷酸盐等。

其他结构

许多细菌的最外表还覆盖着一层多糖类物质，边界明显的称为荚膜，如肺炎球菌，边界不明显的称为黏液层，如葡萄球菌。荚膜对细菌的生存具有重要意义，细菌不仅可利用荚膜抵御不良环境；保护自身不受白细胞吞噬；而且能有选择地黏附到特定细胞的表面上，表现出对靶细胞的专一攻击能力。例如，伤寒沙门杆菌能专一性地侵犯犯肠道淋巴组织。细菌荚膜的纤丝还能把细菌分泌的消化酶贮存起来，以备攻击靶细胞之用。

鞭毛是某些细菌的运动器官，由一种称为鞭毛蛋白的弹性蛋白构成，结构上不同于真核生物的鞭毛。细菌可以通过调整鞭毛旋转的方向（顺时针和逆时针）来改变运动状态。

菌毛是在某些细菌表面存在着一种比鞭毛更细、更短而直硬的丝状物，须用电镜观察。特点是细、短、直、硬、多，菌毛与细菌运动无关。根据形态、结构和功能，可分为普通菌毛和性菌毛两类。前者与细菌吸附和侵染宿主有关，后者为中空管子，与传递遗传物质有关。

种　类

细菌可以按照不同的方式分类。细菌具有不同的形状。大部分细菌是如下3类：杆菌是棒状；球菌是球形（例如链球菌或葡萄球菌）；螺旋菌是螺旋形。另一类，弧菌是逗号形。

细菌的结构十分简单，原核生物没有膜结构的细胞器，例如线粒体和叶绿体，但是有细胞壁。根据细胞壁的组成成分，细菌分为革兰阳性菌和革兰阴性菌。"革兰"来源于丹麦细菌学家革兰，他发明了革兰染色。

有些细菌细胞壁外有多糖形成的荚膜，形成了一层遮盖物或包膜。荚膜可以帮助细菌在干旱季节处于休眠状态，并能储存食物和处理废物。

细菌的分类的变化根本上反映了发展史思想的变化，许多种类甚至经常改变或改名。最近随着基因测序和基因组学、生物信息学和计算生物学的发展，细菌学被放到了一个合适的位置。

古细菌

最初除了蓝细菌外（它完全没有被归为细菌，而是归为蓝绿藻），其他细菌被认为是一类真菌。随着它们的特殊的原核细胞结构被发现，这明显不同于其他生物（它们都是真核生物），导致细菌归为一个单独的种类，在不同时期被称为原核生物、细菌、原核生物界。一般认为真核生物来源于原核生物。

通过研究 RNA 序列，美国微生物学家伍兹于 1976 年提出，原核生物包含两个大的类群。他将其称为真细菌和古细菌，后来被改名为细菌和古菌。伍兹指出，这两类细菌与真核细胞是由一个原始的生物分别起源的不同的种类。研究者已经抛弃了这个模型，但是三域系统获得了普遍的认同。这样，细菌就可以被分为几个界，而在其他体系中被认为是一个界。它们通常被认为是一个单源的群体，但是这种方法仍有争议。

古细菌（又可叫做古生菌或者古菌）是一类很特殊的细菌，多生活在极端的生态环境中。具有原核生物的某些特征，如无核膜及内膜系统；也有真核生物的特征，如以甲硫氨酸起始蛋白质的合成、核糖体对氯霉素不敏感、RNA 聚合酶和真核细胞的相似、DNA 具有内含子并结合组蛋白。此外还具有既不同于原核细胞也不同于真核细胞的特征，如：细胞膜中的脂类是不可皂化的；细胞壁不含肽聚糖，有的以蛋白质为主，有的含杂多糖，有的类似于肽聚糖，但都不含胞壁酸、D 型氨基酸和二氨基庚二酸。

繁　殖

细菌可以以无性或者遗传重组两种方式繁殖，最主要的方式是以二分裂法这种无性繁殖的方式：一个细菌细胞细胞壁横向分裂，形成两个子代细胞。并且单个细胞也会通过如下几种方式发生遗传变异：突变（细胞自身的遗传密码发生随机改变）、转化（无修饰的 DNA 从一个细菌转移到溶液中另一个细菌中）、转染（病毒的或细菌的 DNA，或者两者的 DNA，通过噬菌体转移到另一个细菌中）、细菌接合（一个细菌的 DNA 通过两细菌间形成的特殊的蛋白质结构，接合菌毛，转移到另一个细菌）。细菌可以通过这些方式获得 DNA，然后进行分裂，将重组的基因组传给后代。许多细菌都含有包含染色体外 DNA 的质粒。

处于有利环境中时，细菌可以形成肉眼可见的集合体，例如菌簇。

细菌以二分裂的方式繁殖，某些细菌处于不利的环境，或耗尽营养时，形成内生孢子，又称芽孢，是对不良环境有强抵抗力的休眠体，由于芽孢在细菌细胞内形成，故常称为内生孢子。

芽孢的生命力非常顽强，有些湖底沉积土中的芽孢杆菌经 500～1000 年后仍有活力，肉毒梭菌的芽孢在 pH 值 7.0 时能耐受 100℃煮沸 5～9.5 小时。芽孢由内及外由以下几部分组成：

（1）芽孢原生质：含浓缩的原生质。

（2）内膜：由原来繁殖型细菌的细胞膜形成，包围芽孢原生质，还有细胞膜质。

（3）芽孢壁：由繁殖型细菌的肽聚糖组成，包围内膜。发芽后成为细菌的细胞壁。

（4）皮质：是芽孢包膜中最厚的一层，由肽聚糖组成，但结构不同于细胞壁的肽聚糖，交联少，多糖支架中为胞壁酐而不是胞壁酸，四肽侧链由 L - Ala 组成。

（5）外膜：也是由细菌细胞膜形成的。

（6）外壳：芽孢壳，质地坚韧致密，由类角蛋白组成，含有大量二硫键，具疏水性特征。

（7）外壁：芽孢外衣，是芽孢的最外层，由脂蛋白及碳水化合物（糖类）组成，结构疏松。

代　谢

细菌具有许多不同的代谢方式。一些细菌只需要二氧化碳作为它们的碳源，被称作自养生物。那些通过光合作用从光中获取能量的，称为光合自养生物。那些依靠氧化化合物中获取能量的，称为化能自养生物。另外一些细菌依靠有机物形式的碳作为碳源，称为异养生物。

光合自养菌包括蓝细菌，它是已知的最古老的生物，可能在制造地球大气的氧气中起了重要作用。其他的光合细菌进行一些不制造氧气的过程。包括绿硫细菌、绿非硫细菌、紫硫细菌、紫非硫细菌和太阳杆菌。

正常生长所需要的营养物质包括氮、硫、磷、维生素和金属元素，例如钠、钾、钙、镁、铁、锌和钴。

根据它们对氧气的反应，大部分细菌可以分为以下 3 类：一些只能在氧气存在的情况下生长，称为需氧菌；另一些只能在没有氧气存在的情况下生长，称为厌氧菌；还有一些无论有氧无氧都能生长，称为兼性厌氧菌。细菌也能在人类认为是极端的环境中旺盛的生长，这类生物被称为极端微生物。

一些细菌存在于温泉中，被称为嗜热细菌；另一些居住在高盐湖中，称为喜盐微生物；还有一些存在于酸性或碱性环境中，被称为嗜酸细菌和嗜碱细菌；另有一些存在于冰川中，被称为嗜冷细菌。

运 动

运动型细菌可以依靠鞭毛、细菌滑行或改变浮力来四处移动。另一类细菌，螺旋体具有一些类似鞭毛的结构，称为轴丝，连接周质的两细胞膜。当它们移动时，身体呈现扭曲的螺旋形。螺旋菌则不具轴丝，但其具有鞭毛。

细菌鞭毛以不同方式排布。细菌一端可以有单独的极鞭毛，或者一丛鞭毛。周毛菌表面具有分散的鞭毛。

运动型细菌可以被特定刺激吸引或驱逐，这个行为称作趋性。例如，趋化性、趋光性、趋机械性。在一种特殊的细菌——黏细菌中，个体细菌互相吸引，聚集成团，形成子实体。

用途与危害

细菌对环境、人类和动物既有用处又有危害。一些细菌成为病原体，导致了破伤风、伤寒、肺炎、梅毒、霍乱和肺结核。在植物中，细菌导致叶斑病、火疫病和萎蔫。感染方式包括接触、空气传播、食物、水和带菌微生物。病原体可以用抗生素处理，抗生素分为杀菌型和抑菌型。

细菌通常与酵母菌及其他种类的真菌一起用于发酵食物，例如在醋的传统制造过程中，就是利用空气中的醋酸菌使酒转变成醋。其他利用细菌制造的食品还有奶酪、泡菜、酱油、酒、酸奶

甲烷菌

等。细菌也能够分泌多种抗生素，例如链霉素即是由链霉菌所分泌的。

细菌能降解多种有机化合物的能力也常被用来清除污染，称作生物复育。举例来说，科学家利用嗜甲烷菌来分解美国佐治亚州的三氯乙烯和四氯乙烯污染。

细菌也对人类活动有很大的影响。一方面，细菌是许多疾病的病原体，包括肺结核、淋病、炭疽病、梅毒、鼠疫、砂眼等疾病都是由细菌所引发。然而，人类也时常利用细菌，例如奶酪及酸奶的制作、部分抗生素的制造、废水的处理等，都与细菌有关。在生物科技领域中，细菌也有着广泛的运用。

光合作用

光合作用，是植物、藻类和某些细菌，在可见光的照射下，利用光合色素，将二氧化碳（或硫化氢）和水转化为有机物，并释放出氧气（或氢气）的生化过程。光合作用是一系列复杂的代谢反应的总和，是生物界赖以生存的基础，也是地球碳氧循环的重要媒介。

动物和人类生存所需要的一切物质、能量和氧气都来自光合作用。除此之外，研究光合作用，对农业生产、环保等领域起着基础指导的作用，如建造温室，加快空气流通，以使农作物增产等。

自由生活的单细胞生物

有许多单细胞生物能够在一定的环境条件下自由地生活。当然，严格地说，没有一个生物是真正自由生活的，因为所有的生物都必须依靠为它提供能量的生态系统。

草履虫是一种身体很小，圆筒形的原生动物，它只有一个细胞构成，是单细胞动物，雌雄同体。最常见的是尾草履虫。体长只有 80～300 微米。因为它身体形状从平面角度看上去像一只倒放的草鞋底而叫做草履虫。草履虫全身由一个细胞组成，体内有一对成型的细胞核，即营养核（大核）和生殖核（小核），进行有性生殖时，小核分裂成新的大核和小核，旧的大核退化消失，故称其为真核生物。其身体表面包着一层膜，膜上密密地长着许多纤毛，靠纤毛的划动在水中旋转运动。它身体的一侧有一条凹入的小沟，叫"口沟"，相当于草履虫的"嘴巴"。口沟内密长的纤毛摆动时，能把水里的细菌和有机碎屑作为食物摆进口沟，再进入草履虫体内，供其慢慢消化吸收。残渣由一个叫肛门点的小孔排出。草履虫靠身体的表膜吸收水里的氧气，排出二氧化碳。

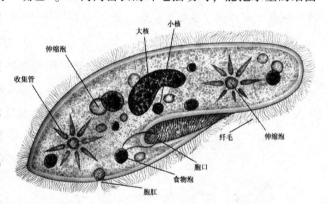

草履虫

获得食物。在一滴水中，草履虫像一个毫无目的的流浪汉，当它碰到障碍的时候，就简单地后退一下，然后又游向不同的方向。但是，当草履虫碰到细菌时，细菌就会被它那种细小的纤毛扫入口沟。口沟位于该动物壁上的凹陷处，是一个小小的开口和漏斗状的管子，一直通向胞口并伸入细胞内部。口沟上的纤毛把细菌扫入胞口，由此进入动物体内。

很多的细菌进入细胞内，汇集成团，这一团细菌被一些液体所包围，于是形成了一个食物泡并脱离胞口，在细胞内部流动。

如果在草履虫生活的水中放入红色染料（洋红粉末），它们也会使这些染料进入它们的食物泡内，把食物泡染成红色。

草履虫摄入的细菌是靠贮藏在食物泡内的酶来消化的，当消化后的食物被草履虫吸收，食物泡也就消失了。如果食物泡内有任何不能消化的颗粒，该食物泡就会慢慢地移向肛门点，在那儿将残渣排出体外。

获得氧气。对草履虫来说，得到氧气要比获得食物简单得多。氧气溶解在水中，通过细胞进入动物体内，氧气在细胞内与葡萄糖结合放出能量，产生二氧化碳和水排泄废物，代谢中产生的二氧化碳通过细胞膜扩散到周围水中。在多细胞生物体内，当蛋白质被分解时，所产生的废物叫尿素，尿素溶解于水，就形成了尿。大多数的多细胞动物有复杂的机制来排除这些废物（如膀胱和肾）。而在草履虫体内蛋白质分解所产生的废物是氨（NH_3），它也像二氧化碳一样通过细胞膜扩散入水中，这是一种简单的排泄途径。

大核
小核

草履虫的分裂

维持水的平衡。所有的有机体都必须在它们的细胞内保持适量的水，假如含水量太少，那么细胞内的盐类和其他可溶性物质的浓度会变得太浓，细胞就会死亡。但是，如果过多的水进入细胞内，细胞会因内部的压力过大以致细胞膜破裂而死亡。

草履虫也不例外，因为其原生质中盐和其他物质的浓度都大于其周围环境中的含量，倘若没有东西来维持水分平衡，水分将不断地通过细胞膜进入细胞内，直到把细胞膜胀破为止。维持水分平衡的结构就是收缩泡。草履虫通过它排泄过多的水分。收缩泡的辐射状导管慢慢收集满水分，然后收缩将水送入中间的中心泡，这中心泡再收缩把水通过细胞膜排出体外。

草履虫全身布满纤毛，这些纤毛来回摆动把食物扫进口沟，纤毛的运动就像许多在一个方向迅速划动的小桨，使得动物向前运动。原生动物可以改变纤毛运动的方向使自己向后或者转圈运动。它们并不是同时摆动，而是一根跟在另一根的后面有节奏地运动。当动物向前运动时，前端的纤毛首先向后摆动，然后是紧紧排列在它后面的纤毛摆动，依次进行，使得动物向前运动。

　　草履虫有两个核，一个大核和一个小核。当虫体分裂时，这两个核也分裂了，这两个新的草履虫也就各有一个大核，一个小核。这是无性繁殖的一种形式。经过若干次分裂繁殖后要进行接合生殖，这是有性生殖的一种形式。接合生殖时，两个草履虫在它们口沟的地方融合，然后每个虫体的小核经有丝分裂成为2个，并彼此交换其中的一个小核。交换的一核与剩下的一核合二为一，再分为大小二核，最后两个虫体分离。

真核细胞与动植物分化

　　在生命的最初阶段，原核单生物是没有动植物之分的。在17亿年前，随着真核细胞生物的出现，生物界才开始了动植物的分化。动物的出现形成了一个三极生态体系，所谓"三极"指的是：绿色植物进行光合作用制造养料，自养并供给其他生物，称为自然界的生产者。细菌和真菌以绿色植物合成的有机质为养料，同时通过其生活活动分解出大量二氧化碳及氮、硫、磷等元素，为绿色植物生产养料提供原料，称为自然界的分解者。动物以植物和其他动物为食，是自然界的消耗者。

　　由此可见，真核细胞生物的出现，是动植物分化的开始。在这个时期，动植物门类中所产生的都是一些最低等、最原始的生物，它们之间尽管大体能区分开，但彼此多少都有一些对方的特征。

植物的起源与进化

ZHIWU DE QIYUAN YU JINHUA

距今25亿年前，原核单细胞生物的变异潜能使得它进化成为了最初的植物——藻类。植物自养生物，也是自然界的生产者，它能为动物的出现提供先天性的食物来源。因此，植物的出现是地球生命演化史上的一件大事。从此，地球上生命就结束了原生物阶段，从而开始了向更高级生命阶段进化的准备期。

最初的植物属于菌类和藻类，其后藻类曾一度非常繁盛。一些藻类植物在适应环境的过程中，逐步摆脱了水域环境的束缚，登上了陆地，进化成为了蕨类植物。陆地上植物的演化便是从这个时候开始的。而后，裸子植物、被子植物等高级植物不断出现，地球的绿装就在植物的进化过程中一再更换，直至变成我们今天看到的样子。

藻类植物的起源与进化

藻类植物的起源

藻类植物是从原始的光合细菌发展而来的。光合细菌具有细菌绿素，利用无机的硫化氢作为氢的供应者，产生了光系统Ⅰ。原始藻类植物，如蓝藻类所具有的叶绿素A，是由细菌绿素进化而来的。蓝藻类利用广泛存在的水为氢的供应者，具有光系统Ⅱ，通过光合作用产生了氧。随着蓝藻类的产生，光合细菌类逐渐退居次要地位，而放氧型的蓝藻类则逐渐成为占优势的种类，释放出来的氧气逐渐改变了大气性质，使整个生物界朝着能量利用效率更高的喜氧生物方向发展。这个方向的进一步发展就产生了具有真核的红藻类，同时，类囊体单条地组成为叶绿体，但集光色素基本上一样，仍以藻胆蛋白为集光色素。蓝藻和红藻的集光色素——藻胆蛋

蓝藻

白，需用大量能量和物质合成，是很不经济的原始类型，所以只能发展到红藻类，形成进化上的一个盲枝。

藻类植物的第二个发展方向是在海洋里产生含叶绿素A和叶绿素C的杂色藻类。叶绿素C代替了藻胆蛋白，进一步解决了更有效地利用光能的问题。在开始的时候，藻胆蛋白仍继续存在，如在隐藻类，但进一步的进化，效率较低的藻胆蛋白没有继续存在的必要而逐渐被淘汰，所以在比隐藻类较为高级的种类，如在甲藻类、硅藻类，除叶绿素A以外，只有叶绿素C，而藻胆蛋白消失了。迄今，海洋仍为含有叶绿素C的种类，包括甲藻类、金藻类、黄藻类和硅藻类等浮游藻类和褐藻类的底栖藻类，占据优势。但这个类群不能离开水体，仍是一个盲枝。

藻类植物的第三发展方向是在海洋较浅处产生绿色植物。它们除了叶绿素A以外，还产生了叶绿素B。据科学家估计，叶绿素A＋B系统比之叶绿素A＋藻胆蛋白系统，光合作用效率高出了3倍，也高于叶绿素A＋C系统。这

金 藻

是藻类植物进化的主流。很可能十几年前发现的原绿藻就是这类植物的祖先。原绿藻植物出现的时间可能与原核的杂色藻类（尚未发现）差不多，但由于某种原因，可能与当时的大气光照条件有关，杂色藻类大量发展起来而原绿藻却停留在原始状态。后来，环境条件变为较为适合于叶绿素 B 生物的生长，从原绿藻植物就产生了真核的绿藻类。它们不但已产生了叶绿体，而且已经有了比较其他藻类更加进步的光合器，即具有基粒的叶绿体。就是这类植物终于登陆，进一步演化为苔藓植物、蕨类植物及种子植物。几亿年前地球大气的含氧量已达到现在大气的 10%，形成了臭氧屏蔽层，阻挡了杀伤生物的紫外线，使陆地具备了生命生存的条件。登上陆地后，光合生物的进化速度大大加快，在大约 5 亿年内就从原始的陆地植物发展到高等的种子植物。

生态特征

藻类分布的范围极广，对环境条件要求不严，适应性较强，在只有极低的营养浓度、极微弱的光照强度和相当低的温度下也能生活。不仅能生长在江河、溪流、湖泊和海洋，而且也能生长在短暂积水或潮湿的地方。从热带到两极，从积雪的高山到温热的泉水，从潮湿的地面到不很深的土壤内，几乎到处都有藻类分布。除轮藻门外的各门藻类都有海生种类。

根据生态特点，一般分藻类植物为浮游藻类、飘浮藻类和底栖藻类。有的藻类，如硅藻门、甲藻门和绿藻门的单细胞种类以及蓝藻门的一些丝状的种类浮游生长在海洋、江河、湖泊，称为浮游藻类。有的藻类如马尾藻类飘浮生长在马尾藻海上，称为飘浮藻类。有的藻类则固着生长在一定基质上称为底栖藻类，如蓝藻门、红藻门、褐藻门、绿藻门的多数种类生长在海岸带上；这些底栖藻类在一些地方形成了带状分布，一般地说，在潮间带的上部为蓝藻及绿藻，中部为褐藻而下部则为红藻。但中国海域和亚热带海域的冬春两季，高潮带常有蓝藻门的须藻，红藻门的紫菜、小石花菜，褐藻门的鼠尾藻，绿藻门的绿苔、浒苔；中潮带常有红藻门的海萝，褐藻门的萱藻和绿藻门的礁膜、石莼等。低潮带及潮下带种类很多，如红藻门的石花菜、角叉藻、多管藻、凹顶藻，褐藻门的海带、裙带菜、海蒿子和绿藻门的海松。潮间带还有许多石沼，为藻类的生长提供了良好的条件。还有两种特殊的生态环境适宜于若干藻类群落的生长，如亚热带和热带的红树林，常有卷枝藻、链藻、鹧鸪菜在气根上及树干基部上生长，热带海洋的珊瑚礁常有大量的仙掌藻属植物。

温度是影响藻类地理分布的主要因素。海藻根据生长地点温度的差异可分为 3 种类型：

①冷水性种。生长和生殖最适温小于 4℃，其下又可分为适温为 0℃ 左右的寒带种及适温为 0 ~ 4℃ 的亚寒带种。

②温水性种。生长和生殖的最适温为 4 ~ 20℃，其下又可分为适温为 4 ~ 12℃ 的冷温带种和适温为 12 ~ 20℃ 的暖温带种。

③暖水性种。生长和生殖适温大于 20℃，又可分适温为 20 ~ 25℃ 的亚热带种及适温大于 25℃ 的热带种。多数海藻对温度的适应能力不强，因此在海水温度变化大的海区，一年中种类的变化很大，冬天有冷水性藻类，夏天有温水性藻类，它们能在较短的适温时间内完成生命周期。但有些底栖海藻对温度变化的适应能力很强，如石莼几乎在世界各地都能全年生长。淡水藻中多数硅藻和金藻类在春天和秋天出现，属于狭冷性种；有些蓝藻和绿藻仅在夏天水温较高时出现，为狭温性种。

光照是决定藻类垂直分布的决定性因素。水体对光线的吸收能力很强，湖泊 10 米深处的光强仅为水表面的 10%；海洋 100 米深处的光强仅为水表面的 1%；而且由于海水易于吸收长波光，还造成各水层的光谱差异。各种藻类对光强和光谱的要求不同，绿藻一般生活于水表层，而红藻、褐藻则能利用绿、黄、橙等短波光线，可在深水中生活。

水体的化学性质也是藻类出现及其种类组成的重要因素。如蓝藻、裸藻容易在富营养水体中大量出现，并时常形成水华；硅藻和金藻常大量存在于山区贫营养的湖泊中；绿球藻类和隐藻类在小型池塘中常大量出现。

此外，生活于同一水域的各藻类相互间的影响对它们的出现和繁盛也有重要作用，某些藻类能分泌物质抑制其他藻类的形成和发展。

系统分类

藻类植物共约为 2100 属，27000 种。根据所含色素、细胞构造、生殖方法和生殖器官构造的不同，分为绿藻门、裸藻门、轮藻门、金藻门、黄藻门、硅藻门、甲藻门、蓝藻门、褐藻门和红藻门。

（1）绿藻门一般都呈草绿色，有单细胞、群体和多细胞种类，外形呈丝状、片状及管状等，还有多核胞的种类，形成如蕨类植物分枝的藻体。细胞壁主要为纤维素。色素体的形状、数目视种类而异。所含色素成分与高等植物相同。很多属、种的色素体上有蛋白核。繁殖方式为细胞分裂和产生各种类型的游动和不动孢

绿 藻

子，有性生殖有同配、异配及卵配生殖等方式。游动细胞一般有 2 或 4 条顶生、等长的鞭毛。绿藻门中单细胞、群体和游动的种类为常见的浮游藻。石莼目、蕨藻目、管枝藻目及粗枝藻目均为大型底栖海藻。

（2）裸藻门亦称眼虫藻门，多为单细胞，无细胞壁，有些种类有一层具弹性的表质膜，细胞可以伸缩改变形状，也有的种类有一个固定形状的囊壳。所含色素与绿藻门相似，有的种类无色或具红色素。游动细胞具 1 ~ 3 条顶生的鞭毛。无性繁殖为纵分裂，有性生殖少见。多数生长于含有机质丰富的小型静水水体中，尤其是暖季阳光充足时常大量繁生形成膜状水华，使水呈浓绿、红或其他颜色。

（3）轮藻门所含色素和同化产物与绿藻相似。藻体大型、直立、中轴（茎）部分明显分化为节与节间，每个节上轮生小枝和侧枝。细胞单核。有性生殖器官发达，具藏精器和藏卵器，

裸藻结构

均生于小枝上。地下假根可行营养繁殖。丛生于水底、淡水或半咸水中，尤以稻田、沼泽、池塘、湖泊中更为常见，喜含钙质丰富的硬水和透明度较高的水体。

金藻单细胞

（4）金藻门多为单细胞或群体，游动种类多不具细胞壁；有壁的种类主要由果胶质组成，壁上有硅质或钙质的小片。色素体金褐色，除含叶绿素、胡萝卜素外，叶黄素主要为墨角藻黄素，还有硅藻黄素及硅甲黄素等。贮藏物为金藻昆布糖和油。繁殖时借分裂产生游孢子或内壁孢子；有性生殖主要为同配生殖。

黄 藻

（5）黄藻门为单细胞、群体、多核管状体或多细胞的丝状体。许多种类的营养细胞壁由大小相等或不相等的两片套合组成。色素体黄绿色，主要成分是叶绿素、胡萝卜素和叶黄素。贮藏物为金藻昆布糖和油。营养细胞和生殖细胞具两条不等长的鞭毛。繁殖时产生游孢子或不动孢子；少数行有性生殖，常为同配生殖。

（6）硅藻门一般为单细胞，细胞壁含果胶质和二氧化硅，硅藻细胞形似小盒，由上壳和下壳两瓣套合而成，壳面上有花纹，还常有角状、刺状或刺毛状的突出物。色素体除含叶绿素和胡萝卜素外，还有硅藻素、墨角藻黄素等，贮藏物主要为油。通常以细胞分裂方法繁殖；有性生殖为不动配子的接合生殖或卵配生殖，合子发育经过复大孢子阶段。

（7）甲藻门多数为具双鞭毛的单细胞个体，细胞壁含纤维素，常由

硅 藻

许多固定数目的小甲板按一定形式排列组成，也有不具小甲板的。色素体除含叶绿素、胡萝卜素外，还含有几种叶黄素，如硅甲黄素、甲藻黄素及新甲藻黄素等，细胞呈棕黄色，也有粉红色或蓝色的。腐生或寄生。贮藏物为淀

粉和油。有些种类细胞内有特殊的甲藻液泡和刺丝胞等构造。繁殖方法为细胞分裂或产生游孢子；有性生殖为同配或异配，但少见。

（8）蓝藻门旧称蓝绿藻门。无色素体、细胞核等细胞器，与细菌同属原核生物。藻体为单细胞、丝状或非丝状的群体，色素除叶绿素、胡萝卜素外还有几种特殊的叶黄素及大量的藻胆素。贮藏物以蓝藻淀粉为主。无色中央区仅含有相当于细胞核的物质，无核膜及核仁，称为"中央体"。生

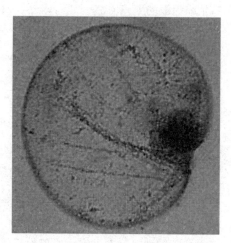

甲　藻

殖一般借细胞分裂，有些种类形成孢子。多喜生于含氮量高的碱性水体中，有的种类能在温度较高的温泉中生长。

（9）褐藻门均为多细胞体，有些种类体型很大，构造也较复杂，最简单的是丝体状。色素体呈褐色，除含叶绿素及胡萝卜素外，还含大量墨角藻黄素。贮藏物为褐藻淀粉及甘露醇。以产生游孢子或不动孢子繁殖，有性生殖为同配、异配或卵配。游动细胞梨形，侧生两根不等长的鞭毛，多数种类有世代交替。许多大型褐藻为冷水性海藻，资源颇丰富。

（10）红藻门绝大多数为多细胞体，体长从几厘米到数十厘米。一般为紫红色，也有褐色或绿色的。除含叶绿素和胡萝卜素外，还含有藻胆素（藻红素及藻蓝素）。贮藏物为红藻淀粉。繁殖方法为产生孢子和卵配生殖，都不具鞭毛。有性生殖过程复杂，雌性生殖器称为果胞，其前端有一延长部分称为受精丝，精子附着受精丝上受精。大多数红藻都有世代交替。

生长繁殖

藻类植物的生殖有营养体生殖、无性生殖和有性生殖。营养体生殖方法很多，有特殊的营养枝，如黑顶藻的繁殖枝，掉地后则独立生长为新的个体；

有依靠假根的繁殖方式，如海扇藻；也有依靠盘状幼体以度夏或度冬。无性生殖主要依靠游孢子，这些一般具有 1~4 根鞭毛，叶绿体和眼点，没有细胞壁，有自由游动的能力；缺少鞭毛因而没有游动能力的孢子也不少，如蓝藻门的内孢子，红藻门的四分孢子，绿藻门的厚壁孢子等。有性生殖依靠配子，可以是同配或异配。同配由形状大小一样的配子相互接近，融合形成厚壁的合子，而异配则由大小不同，甚至形状不一样的配子融合形成合子。卵配是一种异配，其雌性细胞较大，一般不能游动，而其雄性细胞较小，有两根鞭毛，能自由游动。红藻的卵配尤其特殊，卵囊称果胞，为一瓶状构造，卵在瓶底，瓶颈即受精丝，而精子在精子囊内，不能游动，随水漂流，遇于受精丝则黏着上，精子破囊而出，顺着受精丝进入果胞与卵子结合成为合子，后者立即发育成为一个双倍体的果孢子体，寄生在雌性个体上。果孢子体成熟产生果孢子，发育则成为独立的孢子体。

藻类植物的特性

形态

藻类植物体大小悬殊，最小的直径只有 1~2 微米，肉眼见不到，而最大的长达 60 多米；形态相差很大，有单细胞、群体和多细胞。群体个体由许多单细胞个体群集而成。多细胞个体有丝状体、囊状体和皮壳状体等，也有类似根、茎、叶的外形，但不具备高等植物那样的内部构造和功能。生殖器官一般由单细胞构成。合子不在母体内发育成胚。主要

藻类形态

生活在水里，也有的生活在潮湿的岩石、树干、土壤表面或内部。

色素和光合作用

藻类植物细胞含有各式各样的色素，而不同的色素组成标志着进化的不同方向，是分门的主要依据。但所有的藻类都含有叶绿素 A 和光合作用系统 II，并能利用水作为氢的供体，在光合作用中释放出氧气。现在大气中的游离氧气主要

寄生的藻类

是光合作用的产物，其中大半是藻类所产生。藻类的色素主要有 4 类：叶绿素、藻胆蛋白、胡萝卜素和叶黄素，其中除叶绿素 A 以外，β–胡萝卜素也普遍存在于各种藻类，只是在隐藻门数量较少而已。此外，蓝藻门、红藻门和绿藻门还含有藻胆蛋白，隐藻门、甲藻门、黄藻门、金藻门、硅藻门和褐藻门含有叶绿素 C，原绿藻门、裸藻门、绿藻门和轮藻门含有叶绿素 B，在红藻门有的种类则含有叶绿素 D。少数藻类在演化过程中营腐生或寄生生活，逐渐失掉叶绿素，成为没有色素的藻类。

寄生生物

自然界的生物真是无奇不有，有些生物本身没有制造养料的能力，必须

生长在另一种活的生物体上。例如，一种叫菟丝子的植物就常常生长在大豆植株上。菟丝子的叶已经退化，不能进行光合作用制造有机养料，但它的不定根生在大豆茎内，吸收大豆植株里的水分、无机盐和有机养料，严重地影响大豆的正常生长。像菟丝子这样，一种生物生活在另一种生物体上，从中摄取养料来维持生活的现象，叫做寄生。营寄生生活的生物，叫做寄生生物。

寄生生物不但夺取宿主的营养物质，严重影响宿主的正常生长发育，还会给宿主带来某些疾病，如肝炎病毒就会导致肝炎。更可怕的是，某些寄生微生物的基因可以并入宿主的染色体，成为宿主的遗传病。

苔藓植物的起源与特征

起源与演化

苔藓植物的生活史在高等植物中是很特殊的，它的配子体高度发达，支配着生活、营养和繁殖。而孢子体不发达，寄居在配子体上，居次要地位。对苔藓植物的来源问题，迄今尚未得出结论。根据现代植物学家的看法，主要有两种主张。

苔藓植物

起源于绿藻

主张起源于绿藻的人，认为苔藓植物的叶绿体和绿藻的载色体相似，具有相同的叶绿素和叶黄素。在角苔中并具有蛋白核，储藏物亦为淀粉。其代表植物体发育第一阶段的原丝体，也很像丝藻。在生殖时所产生的游动精子，具有两条等长的顶生鞭毛，也与绿藻的精子相似。其精卵结合后所产生的合子，在配子体内发育，这点在丝藻中的某些种类如鞘毛藻属，也具有相似的迹象。此外，绿藻中的轮藻，植物体甚为分化，其所产生的卵囊与精子囊，也可与苔藓植物的颈卵器与精子器相比拟。而且轮藻的合子萌发时，也先产生丝状的芽体。但轮藻不产生二倍体的营养体，没有孢子行无性生殖，由轮藻演化而来，似乎可能性也不大。

藻 苔

另外，在20世纪40年代至50年代末，先后在印度发现了佛氏藻，在日本本土及加拿大西部沿海地区，发现了藻苔两种植物。佛氏藻是绿藻门中胶毛藻科植物，这种植物主要生长在潮湿的土壤上，偶尔也生长在树木上，植物体由许多丝状藻丝构成，并交织在一起而呈垫状，其中有的丝状体伸

生长的苔藓

入土壤中成为无色的假根细胞，有的丝状体向上，形成单列细胞构成的气生枝，此种结构与叶状的苔类相似。而藻苔是苔藓植物门中的苔类植物，植物体的结构也非常简单，它的配子体没有假根，只有合轴分枝的主茎，在主茎上有螺旋状着生的小叶，小叶深裂成 2 ~ 4 瓣，裂瓣成线形。有颈卵器，侧生或顶生在主茎上。精子器、精子、孢子体迄今尚未发现。它的形态及结构都很像藻类，故以前在没有发现其颈卵器时，一直认为它是一种藻类植物。由于以上两种植物的发现，为认为苔藓植物来源于绿藻类植物者，或多或少地提供了例证。

起源于裸蕨类

主张起源于裸蕨类的人，见到裸蕨类中的角蕨属和鹿角蕨属没有真正的叶与根，只在横生的茎上生有假根，这与苔藓植物体有相似处。在角蕨属、孢囊蕨属的孢子囊内，有一中轴构造，此点和角苔属、泥炭藓属、黑藓属的孢子囊中的蒴轴很相似。在苔藓植物中没有输导组织，只在角苔属的蒴轴内有类似输导组织的厚壁细胞。而在裸蕨类中，也可以看到输导组织消失的情况，如好尼蕨属的输导组织只在拟根茎中消失，而在孢囊蕨属中输导组织就不存在了。

另外，按顶枝学说的概念，植物体的进化，是由分枝的孢子囊逐渐演变为集中的孢子囊。在裸蕨中的孢囊蕨已具有单一的孢子囊，而在藓类中的真藓中，就发现有畸形的分叉孢子囊。似乎也可以证明苔藓植物起源于裸蕨类植物。由于以上原因，主张起源于裸蕨类的人，认为配子体占优势的苔藓植物，是由孢子体占优势的裸蕨植物演变而来，是由于孢子体的逐步退化，配子体进一步复杂化的结果。此外，根据地质年代的记载，裸蕨类出现于志留纪，而苔藓植物发现于泥盆纪中期，苔藓植物比裸蕨类晚出现数千万年，从年代上也可以说明其进化顺序。

以上介绍有关苔藓植物起源的两种说法，直到今日尚不能确定何者为是，其主要原因是缺乏足够的论证，还有待于今后努力解决。

在苔藓植物门中，苔类与藓类相比，何者进化，何者原始，不同学者的见解也不一致。如认为苔藓植物是由绿藻中的鞘毛藻演化而来，则首先出现的类型是有背腹面的叶状体，再由叶状体演变为直立的、辐射对称的类型，因而苔类发生在前，藓类在后。假若认为苔藓植物是由轮藻演化而

藓 类

来，则首先出现的为具有茎、叶的辐射类型，然后再演变为具背腹之分的叶状体类型，因而藓类发生在先，苔类在后。若承认苔藓植物来源于裸蕨类，则在苔藓植物中孢子体最发达，配子体最简单的角苔为原始，再由角苔演变为其他苔类与藓类。

苔藓植物的配子体虽然有茎、叶的分化，但茎、叶构造简单，喜欢阴湿，在有性生殖时，必须借助于水，这都表明它是由水生到陆生的过渡类型植物。由于苔藓植物的配子体占优势，孢子体依附在配子体上，而配子体的构造简单，没有真正的根和输导组织，因而在陆地上难于进一步适应发展，所以不能像其他孢子体发达的陆生高等植物，能良好地适应陆生生活。

特 征

（1）多生长于阴湿的环境里，常见长于石面、泥土表面、树干或枝条上。体形细小。

（2）一般具有茎和叶，但茎中无导管，叶中无叶脉，所以没有输导组织，根非常简单，称为"假根"。

（3）所有苔藓植物都没有维管束构造，输水能力不强，因而限制它们的

体形及高度。有假根，而没有真根。叶由单层细胞组成，整株植物的细胞分化程度不高，为植物界中较低等者。

（4）有世代交替现象。苔藓植物的主要部分是配子体，即能产生配子（性细胞）。配子体能形成雌雄生殖器官。雄生殖器成熟后释出精子，精子以水作为媒介游进雌生殖器内，使卵子受精。受精卵发育成孢子体。

（5）孢子体具有孢蒴（孢子囊），内生有孢子。孢子成熟后随风飘散。在适当环境，孢子萌发成丝状构造（原丝体）。原丝体产生芽体，芽体发育成配子体。

发育的苔藓

苔藓植物在有性生殖时，在配子体（n）上产生多细胞构成的精子器和颈卵器。颈卵器的外形如瓶状，上部细狭称颈部，中间有一条沟称颈沟，下部膨大称腹部，腹部中间有一个大细胞称卵细胞。精子器产生精子，精子有两条鞭毛借水游到颈卵器内，与卵结合，卵细胞受精后成为合子（$2n$），合子在颈卵器内发育成胚，胚依靠配子体的营养发育成孢子体（$2n$），孢子体不能独立生活，只能寄生在配子体上。孢子体最主要部分是孢蒴，孢蒴内的孢原组织细胞经多次分裂再经减数分裂，形成孢子（n），孢子散出，在适宜的环境中萌发成新的配子体。

在苔藓植物的生活史中，从孢子萌发到形成配子体，配子体产生雌雄配子，这一阶段为有性世代；从受精卵发育成胚，由胚发育形成孢子体的阶段称为无性世代。有性世代和无性世代互相交替形成了世代交替。

苔藓植物的配子体世代，在生活史中占优势，且能独立生活，而孢子体不能独立生活，只能寄生在配子体上，这是苔藓植物与其他高等植物明显不同的特征之一。

结构和分类

苔藓植物是一群小型的多细胞的绿色植物。最大的种类也只有数十厘米，简单的种类，与藻类相似，成扁平的叶状体。

比较高级的种类，植物体已有假根和类似茎、叶的分化。植物体的内部构造简单，假根

阴湿处的苔藓

是由单细胞或由一列细胞所组成，无中柱，只在较高级的种类中，有类似输导组织的细胞群。苔藓植物体的形态、构造虽然如此简单，但由于苔藓植物具有似茎、叶的分化，孢子散发在空中，对陆生生活仍然有重要的生物学意义。

小形苔藓

在植物界的演化进程中，苔藓植物代表着从水生逐渐过渡到陆生的类型。

苔藓植物全世界约23000种，我国约有2800种，药用的有21科，43种。根据其营养体的形态结构，通常分为两大类，即苔纲和藓纲。但也有人把苔藓

植物分为苔纲、角苔纲和藓纲等三纲。

分　布

岩石上的苔藓

苔藓植物分布范围极广，可以生存在热带、温带和寒冷的地区（如南极洲和格陵兰岛）。成片的苔藓植物称为苔原，苔原主要分布在欧亚大陆北部和北美洲，局部出现在树木线以上的高山地区。

苔藓植物可以防止水土流失。苔藓植物一般生长密集，有较强的吸水性，因此能够抓紧泥土，有助于保持水土。可作为鸟雀及哺乳动物的食物。有助于形成土壤。苔藓植物可以积累周围环境中的水分和浮尘，分泌酸性代谢物来腐蚀岩石，促进岩石的分解，形成土壤。

输导组织

输导组织是植物体中担负物质长途运输的主要组织，是植物体中最复杂的系统。输导组织的细胞一般呈管状，以一定的方式彼此相连，贯穿于整个植物体内，包括导管、管胞、筛管及筛胞。

导管和管胞为木质部的主要成分，由它们将根从土壤中吸收的水分和无机盐运送到植物的地上部分。筛管和筛胞为韧皮部的主要成分。叶的光合作用产物由它们运送到根、茎、花和果实中去。另外，植物各部分之间经常进行的物质重新分配和转移，也是通过输导组织实现的。

蕨类植物的演化与特征

起源与演化

蕨类植物的起源，根据已发现的古植物化石推断，一般认为，古代和现代生存的蕨类植物的共同祖先，都是距今 4 亿年前的古生代志留纪末期和下泥盆纪时出现的裸蕨植物。

裸蕨植物在下、中泥盆纪最为繁盛，在它们生存的时期里，衍生出来的种类很多，形式也复杂。据近

蕨类植物

来的研究，也有不少人认为裸蕨植物可能并不代表植物界的一个自然分类单元，而是一个内容极为庞杂的大类群，近来发现于西伯利亚寒武纪的阿丹木，以及发现于澳大利亚志留纪的刺石松等化石植物，因其形态特征和地质年代的古老性，认为蕨类植物并不完全是起源于裸蕨植物，而是起源于比它们更原始的类型或是共同的祖先，但是由于化石保存条件的限制，现在的认识还是很不完善，需要进一步研究。

裸蕨植物起源问题，植物学家的意见并不一致。多数人认为，古老的蕨类植物是起源于藻类；也有人认为，可能起源于苔藓植物。至于裸蕨植物起源于哪一类藻类植物，意见又有分歧。有的认为裸蕨起源于

早期蕨类植物

裸蕨植物

绿藻，主要理由是它们都有相同的叶绿素，贮藏营养是淀粉类等物质，游动细胞具有等长鞭毛等特征都和绿藻相似；也有人认为蕨类起源于褐藻，理由是褐藻植物中不但有孢子体和配子体同样发达的种类，也有孢子体比配子体发达的种类，而且褐藻植物体结构复杂，并有多细胞组成的配子囊。

至于蕨类植物起源于苔藓植物，其理由主要是裸蕨植物孢子体有某些性状与苔藓植物中的角苔类相似，但缺乏足够证据，又难以解释两者生活史上孢子体和配子体优势的转变；也有人认为，裸蕨植物和苔藓植物都是起源于藻类，并且是平行发展而来的。

裸蕨植物远在晚志留纪或泥盆纪已经登陆生活，由于陆地生活的生存条件是多种多样的，这些植物为适应多变的生活环境，而不断向前分化和发展。在漫长的历史过程中，它们是沿着石松类、木贼类和真蕨类3条路线进行演化和发展。

石松植物是蕨类植物中最古老的一个类群，在下泥盆纪就已出现，中泥盆纪时，其木本类型已分布很广，到石炭纪为极盛时代，二叠纪则逐渐衰退，而今只留下少数草本类型。其

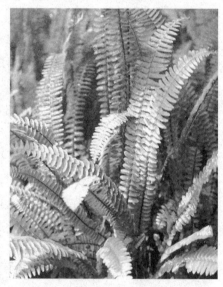

古老的蕨类植物

最原始的代表植物，是发现于大洋洲志留纪地层中的刺石松，茎二叉分枝，具星芒状原生中柱，密被螺旋状排列的细长拟叶，每一拟叶具一简单的叶脉，孢子同型。这些特征很像裸蕨植物的星木属植物，但是，它的孢子囊着生的位置是在各拟叶之间或近拟叶的基部，而不像真正裸蕨植物那样生在枝的顶端，这可能由于载孢子囊的枝轴部分缩短，并趋于消失，因而孢子囊从顶生的位置转移到侧生位置。由此推测出具有侧生位置的孢子囊特征的石松类植物，是由裸蕨植物起源的，而刺石松是裸蕨植物和典型的石松类植物之间的过渡类型。

现代生存的松叶蕨目植物没有根的结构，甚至在其胚的发育阶段，也没有任何根的性状，由此可见，它们先前从来就未曾有过根，所以根的不存在现象，乃是原始性状，而并非由于退化的结果。很多植物学家认为它们是裸蕨植物的后裔。但是，松叶蕨迄今尚未发现过有化石的代表，虽然它有极大的原始性，但是其顶枝起源的叶器官和孢子囊合成为聚囊现象，显然与裸蕨植物不同，故难以断定它们的亲缘关系。

木贼类植物出现在泥盆纪，最古老的木贼类植物是泥盆纪地层中的叉叶属（海尼属）和古芦木属。其特征与裸蕨类及木贼属均相似，故被认为是裸蕨类与典型木贼植物之间的过渡类型。

真蕨类植物最早出现在中泥盆纪，但它们与现代生存的真蕨类植物有较大差别，故被分成为原始蕨类。其孢子囊呈长形，囊壁厚，纵向开裂或顶上孔裂。重要的代表有1936年在我国云南省泥盆纪地层中发现的小原始蕨，及发现于中泥盆纪的古蕨属等。小原始蕨是具有一种合轴分枝的小植物，侧枝的末端扁化成扁平二叉分枝的叶片状，孢子囊着生在具有维管束的小侧枝顶上。古蕨属具有大型、二回羽状的真蕨形叶子，在一个平面上排列着小羽片，孢子囊着生在小羽片轴上，孢子异型。这些植物在体形上很可能代表介于裸蕨类和真蕨类之间的类型。古蕨属的发现，加强了真蕨亚门和裸子植物门之间在系统发育上的联系。许多人认为，最早的裸子植物是通过古蕨这一途径发展出来的。在长远的地质年代中，这些古代的真蕨植物到二叠纪时大多已灭绝。到三叠纪和侏罗纪又演化发展出一系列的新类群。现代生存的真蕨大多具大型叶，有叶隙，茎多为不发达的根状茎，孢子囊聚集成孢子囊群，生在羽片下面或边缘，绝大多数是中生代初期发展的产物。

一般特征

有鳞片的蕨类植物

当你走在野外，看到路边或林下有一株如拳头般卷曲的幼叶，或者不经意间发现一种草本植物的叶背有许多棕色虫卵状的结构（孢子囊群），或者仔细观察到某种草本植物的叶背（特别是叶柄基部）生有一些棕色披针形的毛状结构（鳞片），这些植物都是蕨类植物。可以说，识别蕨类植物的3把金钥匙是：拳卷幼叶、孢子囊群、鳞片。

蕨类植物的一生要经历两个世代，一个是体积较大、有双套染色体的孢子体世代，另一个是体积微小、只有单套染色体的配子体世代。蕨类的孢子体也就是我们一般熟悉的蕨类植物体，包括根、茎、叶、孢子囊群等结构，其孢子囊中的孢子母细胞经减数分裂即形成具有单套染色体的孢子。孢子成熟后，借风力或水力散布出去，遇到适宜的环境，即开始萌发生长，最后形成如小指甲大小的配子体，配子体上生有雄性生殖器官（精子器）和雌性生殖器官（颈卵器），精子器里的精子，借助水游入颈卵器与其中的卵细胞结合，形成具有双套染色体的受精卵，如此又进入孢子体世代，即受精卵发育成胚，由胚长成独立生活的孢子体。

（1）孢子囊群。是蕨类植物的有性生殖器官。在小型叶蕨类中单生在孢子叶的近轴面叶腋或叶子基部，孢子叶通常集生在枝的顶端，形成球状或穗状，称孢子叶穗或孢子叶球。较进化的真蕨类，孢子囊一般着生在叶片的下表面，边缘或集生在一个特化的孢子叶上，往往由多数孢子囊集成群，其形状与颜色也各式各样，又称孢子囊群，大多数水生蕨类的孢子囊群特化成孢子果。多数发育成熟的孢子呈棕色或褐色，能保持较长时间的发芽力，但发芽力随着保存时间的延长而降低；少数种类的孢子为绿色，这类孢子的寿命很短，一般只有几天，应即采即播。大多数蕨类植物的孢子同型，卷柏与少数水生蕨类的孢子异型。多数孢子囊群的外面有孢子囊群盖保护。

具有孢子体的蕨类

（2）鳞片与毛类。在蕨类植物的茎、叶、孢子囊体及孢子囊群盖上着生各种各样的鳞片与毛类，它们对这些器官起着保护作用，也是进行类群与物种划分的主要根据。鳞片是由单细胞组成的薄膜片状物，多出现在基部的根状茎和叶柄上，有各种形状与颜色，其表面有大小、透明或不透明的多边形网眼，边缘有齿或无齿。其类型可分为毛状原始鳞片、细筛孔鳞片和粗筛孔鳞片等。蕨类植物毛的类型很多，多出现地叶柄、叶轴、叶脉以及上下叶面上。其类型有单细胞或多细胞的针状毛，有由多细胞组成的节状毛，有分枝带长柄的星状毛，也有丝状柔毛及顶部带腺体的腺毛等。

（3）叶。蕨类植物的叶形千差万别，有小型叶与大型之分。小型叶如松叶蕨、石松等的叶，没有叶隙与叶柄，只具一个单一不分枝的叶脉，小型叶的来源为茎的表皮细胞而成，为原始的类群。大型叶大都由叶柄与叶片两部分组成，有维管束，而叶隙、叶脉多分枝，其来源是多数顶生枝经过扁化而形成。多数蕨类植物均属此类。它的叶柄一般为圆柱形，有些种类叶柄与叶片分不开，近无柄。叶片由叶脉与叶肉两部分组成，叶片的分裂方式多种多样，有不分裂的单叶，也有各种羽状分裂的复叶。蕨类植物的叶片按功能可分为营养叶与孢子叶，营养叶又叫不育叶，主要功能是用来进行光合作用制造有机物。孢子叶又叫能育叶，能产生孢子囊与孢子。有些蕨类植物的营养叶与孢子叶是不分的，而且形状完全相同，叫同型叶；孢子叶与营养叶形状完全不同的称为异型叶，异型叶比同型叶高等。另外，有些种类的叶片末端或叶表面还能产生芽孢形成新的植株。

（4）根状茎。蕨类植物的茎多为根状茎，只有少数种类具有高大直立的地上茎，如苏铁蕨、桫椤等。另外，少数原始的种类兼具根状茎与气生茎。根状茎形状多种多样，生长在地下的通常粗而短，生长在地表的多成匍匐状。匍匐茎粗壮的内含有大量的水分与有机物，具有贮藏营养的功能，匍匐茎细小的，仅含少量水分与有机物，能沿着地表、岩石面、树干等攀援生长。茎中具有各种各样的维管组织，现代蕨类中除极少种类如水韭、瓶尔小草外，

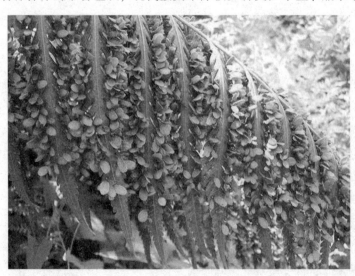

蕨类植物的幼苗

一般没有形成层的结构。大多数蕨类植物的根状茎都具有无性繁殖新个体的功能。

（5）根。蕨类植物的根除极少数原始的种类为假根外，大多为具有较好吸收能力的不定根，但没有真正的主根。根通常生长在根状茎上，只生长在土壤的表层，因此其保水能力较差。蕨类植物的根具有固定植物、吸收水分与养料的作用，有些种类的根还可以萌发幼苗并形成新的植株。

生境与分布

蕨类植物体内输导水分和养料的维管组织，远不及种子植物的维管组织发达，蕨类植物的有性生殖过程离不开水，也不具备种子植物那样极其丰富多样的传粉受精、用以繁殖后代的机制。因此，蕨类植物在生存竞争中，臣服于种子植物，通常生长在森林下层的阴暗而潮湿的环境里，少数耐旱的种类能生长于干旱荒坡、路旁及房前屋后。

其实，除了大海里、深水底层、寸草不生的沙漠和长期冰封的陆地外，蕨类植物几乎无处不在。从海滨到高山，从湿地、湖泊，到平原、山丘，到处都有蕨类的踪迹。它们有的在地表匍匐或直立生长，有的长在石头缝隙或石壁上，有的附生在树干上或缠绕攀附在树干上，也有少数种类生长在海边、池塘、水田或湿地草丛中。蕨类植物绝大多数是草本植物，极少数种类，比如桫椤，能长到几米至十几米高。

现在地球上生存的蕨类约有 12000 种，分布在世界各地，但其中的绝大多数分布在热带、

热带的蕨类植物

亚热带地区。我国约有 2600 种，多分布在西南地区和长江流域以南。我国西南地区是亚洲、也是世界蕨类植物的分布中心之一，云南的蕨类植物种类达到约 1400 种，是我国蕨类植物最丰富的省份。我国宝岛台湾，面积不大，但蕨类植物有 630 余种之多，台湾是我国蕨类植物最丰富的地区之一，也是世界蕨类物种密度最高的地区之一。

侏罗纪

侏罗纪是一个地质时代，界于三叠纪和白垩纪之间，约 1 亿 9960 万年前（误差值为 60 万年）到 1 亿 4550 万年前（误差值为 400 万年）。侏罗纪的名称取自于德国、法国、瑞士边界的侏罗山。

侏罗纪时发生过一些明显的地质、生物事件。超级陆块盘古大陆此时真正开始分裂，大陆地壳上的缝生成了大西洋，非洲开始从南美洲裂开，而印度则准备移向亚洲。恐龙成为陆地的统治者，翼龙类和鸟类出现，哺乳动物开始发展等等。裸子植物在此时发展到了极盛期，苏铁类和银杏类的发展达到了高峰，松柏类也占到很重要的地位。

裸子植物的起源和进化

裸子植物是种子植物中较低级的一类。具有颈卵器，既属颈卵器植物，又是能产生种子的种子植物。它们的胚珠外面没有子房壁包被，不形成果皮，种子是裸露的，故称裸子植物。

孢子体即植物体极为发达，多为乔木，少数为灌木或藤木（如热带的买麻藤），通常为常绿，叶针形、线形、鳞形，极少为扁平的阔叶（如竹柏）。大多数次生木质部只有管胞，极少数具导管（如麻黄），韧皮部只有筛胞而无伴胞和筛管。大多数雌配子体有颈卵器，少数种类精子具鞭毛（如苏铁和银杏）。

起　源

裸子植物出现于古生代，中生代最为繁盛，后来由于地史的变化，逐渐衰退。现代裸子植物约有 800 种，隶属 5 纲，即苏铁纲、银杏纲、松柏纲、红豆杉纲和买麻藤纲，9 目，12 科，71 属。我国有 5 纲，8 目，11 科，41 属，236 种及一些变种和栽培种。

裸子植物很多为重要林木，尤其在北半球，大的森林 80% 以上是裸子植物，如落叶松、冷杉、华山松、云杉等。多种木材质轻、强度大、不弯、富弹性，是很好建筑、车船、造纸用材。

苏铁叶和种子、银杏种仁、松花粉、松针、松油、麻黄、侧柏种子等均可入药。落叶松、云杉等多种树皮、树干可提取单宁、挥发油和树脂、松香等。刺叶苏铁幼叶可食，髓可制西米，银杏、华山松、红松和榧树的种子是可以食用的干果。

裸子植物是原始的种子植物，其发生发展历史悠久。最初的裸子植物出现在古生代，在中生代至新生代它们是遍布各大陆的主要植物。现代生存的裸子植物有不少种类出现于第三纪，后又经过冰川时期而保留下来，并繁衍至今。

形态特征

裸子植物为多年生木本植物，大多为单轴分枝的高大乔木，少为灌木，稀为藤本；次生木质部几乎全由管胞组成，稀具导管。叶多为线形、针形或鳞形，稀为羽状全裂、扇形、阔叶形、带状或膜质鞘状。花单性，雌雄异株或同株；小孢子叶球（雄球花）具多数小孢子叶（雄蕊），小孢子叶具多数至两个小孢子囊（花药），小孢子（花粉）具气囊或船形，具单沟，或球形外壁上具一乳头状突起，或具明显或不明显的萌发孔或无萌发孔，或橄榄形具多纵肋和凹沟，有时还具一远极沟，多为风媒传粉，花粉萌发后花粉管内有两个游动或不游动的精子；大孢子叶（珠鳞、珠托、珠领、套被）不形成封闭的子房，着生一至多枚裸露的胚珠，多数丛生树干顶端或生于轴上形成

种子

被子植物

种子

裸子植物

裸子植物和被子植物的区别

大孢子叶球（雌球花）；胚珠直立或倒生，由胚囊、珠心和珠被组成，顶端有珠孔。种子裸露于种鳞之上，或多少被变态大孢子叶发育的假种皮所包，其胚由雌配子体的卵细胞受精而成，胚乳由雌配子体的其他部分发育而成，种皮由珠被发育而成；胚具两枚或多枚子叶。裸子植物的染色体基数少（$x = 8 \sim 20$），形较大，在各属基本一致。

生态分布

裸子植物广布于南北半球，尤以北半球更为广泛，从低海拔至高海拔、从低纬度至高纬度几乎都有分布。裸子植物的科、属、种数虽远比被子植物为少，但森林覆盖面积却大致相等。在高纬度及高海拔气候温凉至寒冷的地区，几乎都是某些裸子植物形成的单纯林或组成的混交林。各类裸子植物的分布为：苏铁科、罗汉松科和南洋杉科，除其模式属（苏铁属、罗汉松属、南洋杉属）的少数种分布于北半球热带及亚热带外，其他属种均产南半球；银杏原产中国，现广泛栽

北半球的裸子植物

于北半球亚热带及温带地区；松科除松属的少数种分布于南半球外，其他属种均产北半球，其中油杉属、金钱松属、黄杉属、雪松属、银杉属以及松属和铁杉属的部分种类分布于亚热带低山至中山地带，随着纬度或海拔的升高，逐渐被耐寒、喜温凉冷湿的少数松树、铁杉及落叶松属、云杉属和冷杉属树种所代替；杉科除单型属、密叶杉属产于澳大利亚外，其他属种均分布于北半球的亚热带地区；柏科分布于南北半球；三尖杉科分布于东亚南部及中南半岛北部；红豆杉科除澳洲红豆杉属产于新喀里多尼亚外，其他属种均分布于北半球亚热带及温带；麻黄科分布于北半球温带及亚热带高山；买麻藤科分布于亚洲、非洲及南美洲的热带及亚热带地区；单型科百岁兰科分布于安哥拉及非洲热带东南部。

进化分类

较多的学者认为裸子植物是由前裸子植物和种子蕨（苏铁蕨）演化而来。真蕨类与前裸子植物可能共同起源于裸蕨类，而种子蕨类与其他裸子植物又平行起源于前裸子植物。科达类可能起源于前裸子植物，而本内苏铁类（拟苏铁类）可能起源于种子蕨类的皱叶羊齿类，苏铁类与皱叶羊齿类亲缘关系密切。银杏类与苛得狄类可能有共同的起源，它们可能是由前裸子植物的同一个分枝演化出来，或一开始就彼此独立演化成两个平行分枝。松杉类与苛得狄类有着很近的亲缘关系。盖子植物是极特殊的类群，因缺乏古植物学资料，未见有阐明其起源与演化的报道。

乔木和灌木的分类

乔木是指树身高大（高达 6 米以上）的树木，由根部发生独立的主干，树干和树冠有明显区分。又可依其高度而分为伟乔（31 米以上）、大乔（21~30 米）、中乔（11~20 米）、小乔（6~10 米）等四级。通常见到的高大树木都是乔木，如木棉、松树、玉兰、白桦等。乔木按冬季或旱季落叶与否又分为落叶乔木和常绿乔木。

灌木是没有明显主干的木本植物，植株一般比较矮小，不会超过6米，从近地面的地方就开始丛生出横生的枝干。灌木一般为阔叶植物，也有一些针叶植物是灌木，如刺柏。如果越冬时地面部分枯死，但根部仍然存活，第二年继续萌生新枝，则称为"半灌木"。有的耐阴灌木可以生长在乔木下面。灌木是地面植被的主体，往往形成大片的灌木林。

被子植物的进化与繁殖

被子植物是种子植物的一种，显花植物是演化阶段最后出现的植物种类。它们首先出现在白垩纪早期，在白垩纪晚期占据了世界上植物界的大部分。被子植物的种子藏在富含营养的果实中，提供了生命发展很好的环境。受精作用可由风当传媒，大部分则是由昆虫或其他动物传导，使得显花植物能广为分布。

起　源

当前多数学者认为被子植物起源于白垩纪或晚侏罗纪。根据斯科特、马朗和利奥波德（1960年）对以前记述过的化石进行了全面的讨论，发现白垩纪之前未曾保存具确实证据的被子植物化石。此外从孢粉证据来看，同样表现在白垩纪以前的地层中，未能找到被子植物花粉。多伊尔（1969年）和马勒（1970年）根据早白垩纪和晚白垩纪地层之间孢粉的研究，支持被子植物最初的分化是发生在早白

被子植物的形成

亚纪，大概在侏罗纪时期就为这个类群的发展准备好了条件，这一观点也被奥尔夫（1972年）从美国弗吉尼亚的怕塔克森特早白垩纪岩层中得到的叶化石证据所支持。同时，他们还得出结论：在白垩纪，木兰目的发展先于被子植物的其他类群。我国学者潘广等人近些年在对华北燕辽地区中侏罗纪地层中发现并确证了原始被子植物的存在，也发现了那时的单子叶和双子叶植物——木兰类和柔荑花序类均已发育较好。因此，被子植物的起源应早于白垩纪。这个观点已在1999年第十六届国际植物学大会上引起关注。

种子蕨类

关于被子植物起源的时间，最好的花粉粒和叶化石证据表明，被子植物出现于1.2亿~1.35亿年前的早白垩纪。在较古老的白垩纪沉积中，被子植物化石记录的数量与蕨类和裸子植物的化石相比还较少，直到距今8000万~9000万年的白垩纪末期，被子植物才在地球上的大部分地区占了统治地位。

至于被子植物起源的地点，目前普遍认为被子植物的起源和早期的分化很可能在白垩纪的赤道带或靠近赤道带的某些地区，其根据是现存的和化石的木兰类在亚洲东南部和太平洋南部占优势，在低纬度热带地区白垩纪地层中发现有最古老的被子植物三沟花粉。中国植物分类学家吴征镒教授，从中国植物区系研究的角度出发，提出整个被子植物区系早在第三纪以前，便在古代统一的大陆的热带地区发生，并认为中国南部、西南部和中南半岛，在北纬20度~40度的广大地区，最富于特有的古老科、属，这些第三纪古热带起源的植物区系，即是近代东亚温带、亚热带植物区系的开端，这一地区就是被子植物的发源地。

关于被子植物起源的地点问题，依然处于推测阶段，虽然多数学者赞同低纬度起源，但要确切回答被子植物的起源地点在哪还有困难，有待做更深入地研究。

可能的祖先

被子植物的属种十分庞杂，形态变化很大，分布极广，粗看起来，确实难用统一的特征将所有的被子植物归成一类。因此，对被子植物的祖先存在不同的假说，有多元论和单元论两种起源说。

多元论认为被子植物来自许多不相亲近的群类，彼此是平行发展的。胡先骕、米塞、恩格勒和兰姆等人是多元论的代表。我国的分类学家胡先骕1950 年发表了一个被子植物多元起源的系统，也是我国学者发表的被子植物的惟一系统。

早期种子蕨类

单元论是目前多数植物学家主张的被子植物起源说。主要依据是被子植物有许多独特和高度特化的性状，如雄蕊都有 4 个孢子（花粉）囊和特有的药室内层；大孢子叶（心皮）和柱头的存在；雌雄蕊在花轴排列的位置固定不变；双受精现象和三倍体胚乳；以及筛管和伴胞的存在。因此，人们认为被子植物只能起源于一个共同的祖先。哈钦森、塔赫他间、克朗奎斯特是单元论的主要代表。

被子植物如确系单元起源，那么它究竟发生于哪一类植物呢？推测很多，至今未有定论。人们推测的有：藻类、蕨类、松杉目、买麻藤目、本内苏铁目、种子蕨等。目前比较流行的是本内苏铁目和种子蕨这两种假说。

塔赫他间和克朗奎斯特从研究现代被子植物的原始类型或活化石中，提出被子植物的祖先类群可能是一群古老的裸子植物。并主张木兰目为现代被子植物的原始类型。这一观点已得到多数学者的支持。那么，木兰类是从哪一群原始被子植物起源的呢？莱米斯尔主张起源于本内苏铁，认为本内苏铁的孢子叶球常两性，稀单性，和木兰、鹅掌楸的花相似；种子无胚乳，仅是两个肉质的子叶和次生木质部的构造亦相似等，从而提出被子植物起源于本内苏铁。但是，近年来这种主张逐渐减少。

塔赫他间认为，本内苏铁的孢子叶球和木兰的花的相似性是表面的，因为木兰类的雄蕊（小孢子叶）像其他原始被子植物的小孢子叶一样是分离、螺旋状排列的，而本内苏铁的小孢子叶为轮状排列，且在近基部合生，小孢子囊合生成聚合囊；其次，本内苏铁目的大孢子叶退化为一个小轴，顶生一个直生胚珠。因此要想象这种简化的大孢子叶转化为被子植物的心皮是很困难的。另外，本内苏铁以珠孔管来接受小孢子，而被子植物通过柱头进行授粉，所有这些都表明被子植物起源于本内苏铁的可能性较小。塔赫他间认为被子植物同本内苏铁有一个共同的祖先，有可能从一群最原始的种子蕨起源。目前，大部分系统发育学家接受种子蕨作为被子植物的可能祖先，但是由于化石纪录的不完全，这种假说的证实还有待更全面、更深入地研究。

前被子植物

根据化石记录，被子植物与任何其他类群没有直接的联系。但学者普遍认为，必须到裸子植物的种子蕨类群中去寻找被子植物的祖先。E. A. N. 阿伯和J. 帕金根据从北美洲侏罗纪地层中找到的若干本内苏铁目的子实体而提出了"花球果"假说，认为被子植物的花是一个由裸子植物的孢子叶球演变来的、被他们称为"花球果"的短缩和高度变

被子植物的花

态的、生有孢子的枝条。具含有胚珠的半封闭式短角状构造的开通目有可能代表着现代被子植物的胚珠（而不是心皮）在进化上的先驱，但这些种子蕨不大可能是被子植物直接的祖先。根据化石记录，被子植物类群之间的许多相似性和缺少任何明显的内部间隙，以及它们与所有已知的化石和现存裸子植物有着截然的分隔，大多数学者几乎一致确信被子植物是单元发生的。孢粉超微结构方面的研究给这一信念以重要的支持。产生花粉油层是所有被子植物的一个普遍的现象，但在裸子植物中，如买麻藤属，却没有这种现象。这一发现证实了以下设想：花粉油层的产生是最初的被子植物基本性状的综合特征的一部分。黏性的花粉连同具心皮的胚珠、柱头的形成，引诱和供动物食用的各种不同的方法，两性的花等，在功能上都与动物传粉相联系。显然，还没有一个比这更符合事实和提供被子植物起源和进一步分化的、生态学上更一致的解释。

结构和功能

豆科（蚕豆）花图式是真正的花，为被子植物独具的主要特征，所以被子植物又叫有花植物。花基本上由 4 个系列的成分组成：①外层系列为由萼片组成的花萼，通常呈绿色，有保护花的作用。②内层系列为由花瓣组成的花冠，通常质地柔软多汁，色泽鲜艳，具有引诱传粉者的作用。③一至多个系列的生有花粉的雄蕊，合称雄蕊群。④一个（至多个）系列的内含胚珠的心皮，构成子房或雌蕊群，通过子房上的花柱和柱头接受花粉粒（雄配子体）。花粉萌发后，雄配子体有一个粉管细胞和两个精子（雄核）；在胚珠中，雌配子体（胚囊）通常有 8 个细胞（1 个卵细胞、2 个助细胞、3 个反足细胞、2 个极核细胞）。双受精后，由一个花粉粒产生的雄核（配子）与卵受精发育成胚，另一个雄核与两个雌核结合发育成胚乳。花的样式和不同纲的传粉者的感觉或知觉作用紧密相连，而且在昆虫与花的相互关系上存在着平行的协同进化。原始的叶状心皮通过折叠和边缘或缝线的愈合而封闭，很可能与虫媒授粉有关，这不仅可以保护胚珠免受攫食昆虫的侵食，而且可以利用来访昆虫作为传递花粉的媒介。

被子植物细胞的结构和分化水平也是最进化的，除了若干原始的成员外，在水分输导组织（木质部）中都有称为导管的管状细胞。在体型上，被子植物大小的变化从高达150米的澳大利亚的桉树到长不足1毫米的、结构简单的微粒状漂浮水生植物无根萍。在热带雨林中，巨大的藤本植物（如榼藤子）攀援而上高耸云霄；也有附生在大树上的兰科、天南星科和凤梨科植物，它们仅依靠树槎上的薄薄积土而生长；茅膏菜、捕蝇草、狸藻和猪笼草等食虫植物则在捕虫设计上结构巧妙和复杂。被子植物中还有各种寄生植物如槲寄生、菟丝子，靠从别的植物中吸取营养物质来生活。特别是分布在加里曼丹和苏门答腊的奇异的大花草，营养器官退化到只剩下几根生长在其寄主植物的根或茎上的丝状物，但它那巨大的花，直径却达45厘米，重7千克，而且充满着为蝇类所喜爱的尸臭味。还有原产于中美洲和南美洲荒漠的多浆汁的仙人掌科植物，约有2000种，形态别致，有高达20米的巨大的仙人柱，有直径达1米的笨重的仙人球，也有延地而生，形似游蛇的仙人鞭。干燥的环境使得这些植物特别耐旱：植物体95%以上都是水，茎的外皮坚硬而不通气，叶变成了刺，而且有些种遍体密布毛茸——这一切都是为了防止水分蒸发。

高水平的生理效率和范围广泛的营养体可塑性以及花的多样性使被子植物得以占领几乎所有极端的生境，并使这些生境特征化——森林、草原、沙漠和许多水生生境。被子植物在主要的植物地理区域内形成了一个常由占优势的科、属和种为特征的一系列广泛的生态群落。

繁　殖

被子植物的繁殖可分为有性繁殖和无性繁殖两大类。

有性繁殖

又分为异体受精和自体受精两部分。

1. 异体受精植物

异体受精植物往往具有许多防止自体受精的机制，即不亲和性系统。根据有无形态效应可把不亲和性系统分为：同形不亲和性系统和异形不亲和性

有性繁殖的被子植物

系统。异形不亲和性系统大约涉及 24 个被子植物的科，花柱异长，特别是两型花柱，是一种主要的异形不亲和性系统，其中种的群体是由具长花柱和一组短雄蕊的花和具短花柱和一组长雄蕊的花的植物所组成，具体例子有报春花属、耳草属、睡菜属、连翘属等。受精作用仅仅发生在两种类型植物之间的传粉以后，而不是在同一植株上。三型花柱是花柱异长的另一种形式，包括 3 种不同类型的花：①长花柱型，柱头下方有两组花药；②中等花柱型，柱头的上、下方各有一组花药；③短花柱型，两组花药都在柱头上方。三型花柱的种仅在酢浆草科、雨久花科和千屈菜科内发现。种内传粉后受精的程度以花粉与柱头在同一水平者为最高。因此，如中等花柱型的花只有在由长花柱型或短花柱型花中的中等高度的花药传粉以后才能产生种子。几乎任何一个两型花柱或三型花柱的属内都有一些植物，它们的花药和柱头位于同一水平上，即使不是真正自花传粉的话也是自交可亲和的。这种花柱同长的植物的分布往往比其花柱异长的植物宽广，如果以自花受精为主，则它们的花可能较小。

另一类促进异花受精的机制是雌雄异株、雌雄同株以及它们的各种取代。雌雄异株的分类群可能是从有花植物不同类群的雌雄同株情况下独立发展的——不是直接来自雌雄同株，就是间接通过雌性两性异株、雄性两性异株或雌雄同株等中间阶段而来。通常认为雌雄异株或可以导致雌雄异株的各种中间阶段的进化是有利于异型杂交的选择压力引起的，但还可能包括许多其他的因素。过去曾错误地认为绝大多数雌雄异株的被子植物是风媒传粉的，现在知道它们大多数是以动物为传粉媒介的。在分类学上，要把雌雄异株种的雄株和雌株配在一起有时很困难。相反，在酸模属、玉叶金花属和羊蹄甲属等植物中，性的这种分离只有为分类提供用来区分近缘种的有用的鉴别依据。

2. 自体受精植物

自体受精植物又叫近亲繁殖植物。由于这类植物的种内或分类群内个体的基因型都多少不相同，而每一个个体又能保持其遗传性多代不变，结果往往形成许多纯系或同形小种。闭花受精是一种有利于自体受精的现象，植物的形小而不引人注目的花在花期保持不开放并进行自花传粉和受精。在通常情况下，闭花受精的花与开花受精的花生在同一植株上，例如堇菜属、酢浆草属、胡枝子属、活血丹属、野芝麻属、四棱草属和菰属。闭花受精有时与生态条件紧密相关，长时期的多雨天气如同极度荫蔽一样，似有利于产生闭花受精的花（如宝盖草）。这可能是因为在遮蔽状况下传粉昆虫常变得稀少的缘故。堇菜属的闭花受精在高海拔地区较频繁的事实显然应归于光周期反应。福斯卡尔鸭跖草生长在地下的闭花受精的花在曝光条件下可变成开花受精。J. S. 赫克斯利认为闭花受精的形成是由生态压力引起的花不能开放（假闭花受精）结果导致自花传粉，继之以花瓣和雄蕊体积的缩小和最后花粉在原来位置上萌发而不从花药上释放等的进一步适应。

二型花严格说来是指闭花受精的花与开花受精的花分别生长在不同的植株上。但闭花受精和二型花现象有时不易分开。例如，在水金凤中，除了完全着生小形的闭花受精花的植株和完全着生形大美丽的开花受精花的植株外，有些植株两者兼备。有时二型花植株在群体内呈多态现象，如卡罗来纳紫草。

无性繁殖

无融合生殖植物包括任何类型的无性繁殖。可分为两大类：营养繁殖和无融合结籽。

1. 营养繁殖

营养繁殖又叫营养体无融合生殖，是指完全靠匍匐茎、根状茎、块茎、珠芽和冬芽等营养体传代的生殖方式，是由植物体的根、茎、叶等营养器官或某种特殊组织产生新植株的生殖方式。这种生殖方式不涉及性细胞的融合，所以是无融合生殖的一种方式，属于广义的无性生殖范畴。如果人为地取下植物体的部分营养器官或组织，在离体条件下培养成新植株，则称人工营养繁殖。

植物有性繁殖的后代具备双亲的遗传特性，容易发生变异，而营养繁殖则不然，如高度杂合的木本多年生植物（如果树），通过人工营养繁殖可保持母本的优良遗传性状。营养繁殖实质上是通过母体细胞有丝分裂产生子代新个体，后代一般不发生遗传重组，在遗传组成上和亲本是一致的。

不同植物类群，有不同的繁殖方式。低等植物通过孢子（无性孢子）或植物体碎片和裂片形成新个体。有些苔藓植物表面可以产生一种特殊器官——胞芽杯，由它长出绿色胞芽。胞芽成熟后从植物体上脱落，遇到适当条件便可长成新的配子体。

种子植物的茎段，是多数植物繁殖的有效器官。例如，草莓属的匍匐茎，即一种细长而沿着地表生成的茎，是从莲座状叶腋中长出，它的每个节都可以长出新的植株。用这种方式繁殖的还有蛇莓、狗芽根、白三叶草、筋骨草和虎耳草等。许多草本多年生植物可通过变态的茎繁殖，如鳞茎、球茎、块茎和根状茎，这些变态茎具有贮藏食物的功能，也是营养繁殖的器官。鳞茎实际上是短而膨大的竖立苗端，肉质叶鳞包围其生长点和花原基。由叶鳞腋间产生小鳞茎，最终脱离母鳞茎形成新植株。这种繁殖方式见于洋葱、水仙、郁金香、风信子、百合、大蒜和贝母等。有的百合叶腋可以长出零余子，即小鳞茎，又叫珠芽，它脱离母体后可以长成一个新植株。唐菖蒲、藏红花和小苍兰贝的茎是球茎。唐菖蒲球茎上有 4 个芽原基，这些芽原基在适当条件下可以发育形成新球茎，以后老球茎开花后死亡。在每个新球茎周围，又可长出一些大小不同的小球茎，当它们生长 1～2 年以后也可达到开花阶段。块茎为肉质地下茎缩短膨大的产物，把具芽眼的马铃薯块茎切成小块栽培时，从芽眼可长出苗，再由苗端下部长出不定根。根状茎是地下水平生长的主茎，具节和节间，叶、花轴和不定根等可从节上发生。如鸢尾、美人蕉、竹子和有毒杂草、阿拉伯高粱等都有根状茎。许多重要经济植物如香蕉、姜、蕨类和某些禾本科植物也是靠根状茎繁殖的。

根是营养繁殖的另一种重要器官。例如：玫瑰、杨树、覆盆子和悬钩子等植物的水平根系上可产生不定芽（根出条），并可以陆续发育出新植株。每个带新根的苗都可移植成株。块根为膨大肉质的变态地下根。如果把白薯可食部分的块根放在苗床上，可长出不定芽，由不定芽茎部长出不定根，种植后由不定根又可膨大形成新的块根。

叶和芽也能繁殖。如落地生根的肉质叶缘每一缺刻都能产生"胚"，这种胚发育到一定程度，小苗就可落地生根，并发育为独立的新植株。过山蕨和鞭叶铁线蕨的叶轴顶端尖细，并延伸成鞭状，着地后即可生根，长出新的植株。浮萍和凤眼蓝等水生植物还可由叶子茎部的侧芽产生新植株。龙舌兰在开花死后，新植株可由老叶的腋芽产生。

著名的例子有伊乐藻（只存在一个性别的雌雄异株的种）、水剑叶、黑藻等以及浮萍科的某些种，它们在北欧完全是营养繁殖，在别处却是正常的有性繁殖。假胎生现象是一种繁殖体发生在花内部而且代替了花的营养繁殖方式，在虎耳草属、龙舌兰属、葱属、蓼属以及禾本科的早熟禾属和羊茅属等属内很有名。但其中有些种在同一花序上兼有有性的和假胎生的花（如拳参和薤白）。

2. 无融合结籽

无融合结籽包括用无性方法产生胚胎和种子的任何类型，其特点是绕过减数分裂和受精，因此最后形成的胚胎的染色体数目和基因型与母株完全一样。大致有以下3种方式：①不定胚生殖。胚胎直接由作为二倍性孢子体母体组织的珠心或珠被产生，完全避开配子体阶段。以柑橘属为最著称；还发生在冬青叶山麻杆、甜味大戟、齿叶金莲木、蒲桃、桃叶野扇花、橙黄仙人掌，以及玉簪属、葱属和缓草属等植物内。②无孢子生殖和双倍孢子生殖。前者是由珠心或内珠被营养细胞经过多次体细胞分裂而直接产生胚囊；后者是胚囊虽由大孢子母细胞产生，但产生过程中或根本没有减数分裂，或减数分裂大为变样，以致染色体不进行配对或减数。从形态学观点看，这两种无融合生殖方式仍有孢子体与配子体的世代交替，但因绕过减数分裂而使配子也是二倍性的。③假受精。通过授粉作用与花粉管发生使卵受雄配子的刺激后形成种子，但雄核绝不与卵融合，所以种子后代的基因型与母株相同。

　　无融合生殖按其在个体发生上的不同程度又可分为专性无融合和兼性无融合两大类。前者是指整个植株完全是无融合生殖的（如大蒜）；后者是指同一植株上既有无融合生殖又有有性生殖（如薤白和拳参）。由于兼性无融合的有性过程能产生一系列新的无性系，从而在新、老无性系之间形成一种异常复杂的关系：虽有稳定的性状区别，但这种区别非常微小，以致很难作为分种的依据。再有，因无融合生殖常与种间杂交和多倍化现象密切相关，使变异式样更为复杂，形成被称为"无融合复合种"的分类学上十分困难的类群，如还阳参属、早熟禾属、委陵菜属、悬钩子属、银胶菊属、蒲公英属和山柳菊属等。

热带雨林

　　一般认为热带雨林是指阴凉、潮湿多雨、高温、结构层次不明显、层外植物丰富的乔木植物群落。热带雨林主要分布于赤道南北纬5°～10°以内的热带气候地区。这里全年高温多雨，无明显的季节区别，年平均温度25℃～30℃，最冷月的平均温度也在18℃以上，极端最高温度多数在36℃以下。年降水量通常超过2000mm，有的竟达6000mm，全年雨量分配均匀，常年湿润，空气相对湿度90%以上。

　　热带雨林是全球最大的生物基因库，也是碳素生物循环转化和储存的巨大活动库，被誉为"地球基因库"、"地球之肺"等。由于人类的乱砍滥伐，热带雨林急剧减少。雨林的保护已成为当前最紧迫的生态问题之一。

植物的进化过程及其本能

植物的特征及进化过程

自地球具备生命出现的自然条件以来，植物界通过自身适应环境和气候成长以及代代相传的方式，使物种自身逐步产生变异，从而起到推动植物物种不断进化，向更高等的生命形态层级发展，逐步形成了地球上种类繁多、千奇百态的植物世界。由于植物有它处在不同地理环境的自然产生和繁殖后代的遗传能力，这就导致出现了各种各样的植物类型。不同层次和不同种类的植物，为地球共同创造一个美丽而庞大的植物生命网络。

植物分为水生植物和陆生植物两大类，水生植物也有适应咸水生长和淡水生长之分。地球上所有的植物生长形态是受到地球不同的气候、环境，包括水质、土质、温度高低、空气成分和风力大小，以及高原、平

地球上的植物

原、山地、丘陵和盆地不同的地理位置等因素所影响的。植物在成长与进化的过程中，由于上述生存条件差异的不同，其后所形成的植物体型、体态、物种和品种都不同。所以，在地球上所生长的植物是品种繁多、千奇百态和不可胜数的。根据植物学家的统计和预测，目前在地球上所生存的植物种类

大约有 50 万种。

基本特征

要了解植物的演化过程，我们首先来看看植物生长的特征。各类植物之间的共同特征是本身能合成食物，为自养生物；所有的植物都是含有多种功能细胞组织的真核生物。

植物是自养生物。植物是太阳能的食品加工厂，也是由无机物质转变为有机物质的加工制造基地，是有机物的"缔造者"。植物的加工制造过程称为光合作用。在光合作用的过程中，植物能利用二氧化碳和水合成糖分食物并向空气中输送新鲜氧气。这个过程中就发生了一系列复杂的物理化学反应。阳光的热能为整个过程提供了物理化学反应的能量来源。由于植物是靠自己制造糖分食物来达到自行消化的，所以，称它们为自养生物。

植物是真核生物。植物细胞被一层细胞壁包裹。细胞壁是一个边界，它能将细胞膜包围起来，使细胞与环境分隔开来。植物的细胞壁大部分是由纤维素构成的，这是一种能使细胞壁更为坚固的化合物。

植物细胞

植物细胞还含有称为叶绿体的物质。叶绿体看上去就像一颗颗绿色的小豆子，糖分食物就是在叶绿体内合成的。植物细胞还含有液泡，这是一个呈囊状的"仓库"。液泡中储存着其他物质，包括水、废物和食物。当水进入液泡时，液泡就会像气球一样鼓起，而水离开液泡后，它就会自然缩小。植物的液泡如果失水过多，会直接影响着植物个体的生命。

植物是多细胞生物，因而，植物不同物种的大小差别很大。植物无论大小，它的细胞都会形成不同性能的组织，这是植物体内执行某些特殊功能的、相类似的细胞所构成的、能适应所处的自然环境与气候而生存的分工与组合。

进化的基本过程

我们来看看植物从低级向高级演化的基本过程。自从原生物走进植物的行列之后，植物就以藻类的生存形态向海洋和陆地伸延、繁衍。藻类植物是以较少量的细胞组合和较少量的多细胞群体组织所组成的，它没有根、茎、叶的分化，生育不经胚胎发育过程。繁殖后代是以细胞裂殖或配子结合等方式来进行，因为藻类植物只能生长在水中或占水分较多的湿地处。它是植物发展的最低层次，是形成植物的初级生命形态，也是简单植物出现的过渡性物种。

进化环境

在上述基础上，植物继续繁衍与进化，逐步出现了简单的植物类型，初步形成了简单而初级的生殖器官，形成了简单的根、茎、叶分化和简单的维管组织。根系能扎入较深的土壤中吸收水分和无机盐，茎和叶高高举起能更好地与阳光进行光合作用。初步具备了获取水分和其他营养物质的功能，保持水分的功能，运输养料的功能，支撑自身成长的功能，负重的功能以及繁殖后代的功能等。简单植物是逐步形成种子植物的必然发展阶段，同时也是复杂植物的初级阶段。它是脱离了藻类植物，而逐步向较深的海洋与陆地、平原、山脉延伸演化做好各项基础准备的生命形态，它为形成种子植物打下坚实的生态基础，是植物自然选择所必然出现的阶段性形态体现，也是形成种子植物的过渡性物种。

不同的植物

在上述基础上，随着时间的推移，植物运用遗传的手段继续繁衍与进化，出现了种子植物类型。种子植物具有成熟的维管组织，能利用种子进行繁殖。所有种子植物都是含有成熟的根、茎、叶等器官。种子植物还包括孢子体和配子体世代。维管组织中的细胞壁起到了支持植物机体重力和生长的作用，水分、食物及营养物质都是通过维管组织输送到植物体内的各种功能器官上，使植物呈良性生长。在陆地上，种子植物数量庞大的一个重要原因是它们能产生出种子，种子是能够将自身物种遗传的延续物包被在一层保护组织内的器官。我们知道初级植物要在水中才能完成受精作用，而种子植物就不需要依赖水而可以在任何不同的陆地环境中进行繁殖。这是因为精子细胞被直接输送到靠近卵子细胞的区域里，当精子细胞与卵子细胞结合后，种子就开始萌芽发育并能保护着新生的植物幼体避免因失水而死亡。

种子是由胚、胚乳和种皮3部分所组成。种子在其发育成长为新生植物体的过程中，需要大量的阳光能量、水分及营养物质。当植物种子形成后，它们总是向四处扩散，有时常常会远离它上代的"出生地"。当种子落入一个适宜的环境时，它们就会开始萌芽生长。相比于藻类等非种子植物，种子植物在进化等方面具有以下优势：覆盖面大、适应环境和气候变化能力强、生长速度快等特点；它是适应自然环境和气候变化能力很强的生命形态；能为动物提供优质的食物来源，为动物提供广阔的多姿多彩的生存场所；更能有效、广泛地遗传自身基因。植物生命网络的

种 子

逐步形成，能实现地球上的无机物质向有机物质的不断转变，为地球做好生产和积累碳化物打下了一个坚实的基础。

植物的本能

植物世界

在整个植物世界里，存在着各种各样不同类型的物种和品种。它们的形成需要经过漫长的进化演变过程，有些物种甚至需要千万年以上的进化时间，才会形成我们今天所见到的生长形态。植物的进化过程，都是围绕着地球的自然环境和气候的变化而不断适应并产生变异的过程。所有在今天仍然存活着的植物，都是具有坚强的求生意志和求生能力的物种，都是优胜劣汰的产物。植物的本能体现为：适应自然环境变化的求生存能力。其表现形式有 3 个方面：①强占空间。②适者生存。③基因传播。

强占空间

在植物本能的 3 个生存形式中，最为突出的是强占空间。没有生长空间，植物就不能吸收太阳的光和热，不能充分吸收地下的水分和矿物质，植物的体积生长因而受到空间局限的制约。所以植物一定要不断地扩充自身的生存空间，使体积不断地生长壮大，以满足食物、水和地下矿物质以及光合作用的需要。植物物种所占领的空间越大，受太阳的光合作用就越多，吸纳空气中的二氧化碳（食物）就越多；体积就越大，相应的根部就越大，能吸入地下的水分和矿物质就越多，求生存的能力就越强。由于所有植物物种都具有这种天然突出的本能，所以，相同种类型植物与不同种类植物之间，就会产生抢占空间的求生存大竞赛。植物在这种竞争与冲突的过程中，弱者将因被优胜者所覆盖，而得不到充足的阳光、水分和养分，最终会被自然淘汰出局。

适者生存

植物天生就具有自我调整生态模式、生理特点的能力，以便能适应在不同环境而生存的需要。地球上无论任何地方，植物随时都会面临着从自身所生存的环境，被转移到另一个完全陌生的生态环境中生存。比如，动物、鸟类、昆虫、洪水、台风等都会将植物或植物的种子带离它们原先生长的地方，而到达另一个遥远的、气候和环境完全不同的土地上，植物的生长完全处在一个崭新的生存环境之中。在地球经历了几十亿年的漫长岁月里，不知发生过多少次沧海桑田般的大变化，因而又有多少植物物种能在如此大变化的过程中得以生存下来？当植物被置于全新的生存环境下，它们都会进行着适应生态环境变化的自我调整，以不断提高自身适应环境而生存的求生存能力。任何一种植物物种，当它在竞争中不及其他植物，无法通过竞争来获取足够的水分、养分，或被动物所吃掉时，它们都会进行着适应生存竞争的自我调整；任何一种植物，在自然环境不断变化的成长过程中，要凭借某一种特长而赖以生存时，它们都会进行适应生存竞争与冲突的自我调整，以把自身的竞争优势强化。植物适应生态环境变化和生存竞争的自我调整的方式主要有如下 3 个方面：

①调整自身的生态类型。或直根系、或气根系、或变形根系等。因为这些生态类型的改变，而改变了自身的物种类型（或藻类植物、或苔藓植物、或蕨类植物、或种子植物等）。它们能根据自身所处生存的不同环境，又可以演化为湿地类植物、海洋植物类、淡水类植物、草类植物、枝叶类

沙漠上的植物

植物、种子类植物、花类植物、藤类植物等。

②调整自身的生理特点。向光性、向水性、向气性和向阴性等。因为这些生理特点的改变，而改变了自身的生态模式，如耐寒、耐热、耐水，或耐旱等。

③调整自身的生态模式。或耐寒、或耐热、或耐水、或耐旱、或耐盐、或耐风吹等。因为这些生态模式的改变，而改变了自身物种的生理特点、繁殖方式、代谢方式、形态大与小等。

正因为植物物种具有上述几种适应生存竞争的能力，才会形成植物界种类的多样性和相似性的生态现象。地球上不同环境和不同气候的地区，会塑造出与之环境相适应的植物种类，从而造就了植物世界的千奇百态。

基因遗传

植物的生长形态是受到物种自身遗传基因（DNA）所决定。因为植物天生就有这种本领，它们依靠天生固有的遗传化学物质，能够继承上一代在适应环境生存过程中所形成的生存能力和生存经验，并通过主根、副根、支根、气根、叶根和种子等遗传生态手段，得以延续下来。那些不能通过调整自身的生理特点或生态模式，不能适应环境变化的植物物种，就只能被大自然淘汰了。所有在今天仍然存活着的植物物种，都是经受了种种生态环境大变化的考验而形成适应能力特强的佼佼者。它们适应环境变化的生存能力，是依靠上一代基因的遗传

蒲公英的传播

与其后天适应新的生存环境和气候变化相结合的方法，不断延续与变异进化所形成的。而从另一个方面来说，也正是由于地球上时常发生种种自然环境的大变化，以及植物物种之间，在生存竞争与冲突中不断地推进自身物种的进化。那些诞生时间越早，经代代相传和存在时间越长的物种，其适应大自然的生存能力就越强，其生命力就越久远。当然，生态环境的作用因素很多，其中还包括动物和人类的人为作用在内。

地球上，所有的植物物种都是按照大自然环境的变化规律来求生存的，它们从诞生之日起，就不得不与其他物种在生存空间的竞争中，走上一条永不消逝的争端之路，不得不在环境的不断变化中相应调整自身，以保证自身物种的大量生存与延续。而在这个过程中，植物又通过基因遗传的延续方式，把其适应环境生存过程中所形成的生态类型、生理特点和生态模式以及生存能力和生存经验传播到下一代，从而更能有效地保证了自身物种的大量存在与进化，保证了植物物种从低级向高级生态渐进的过渡，能促使植物向更高级的生命形态迈进。所有，在今天仍然存活着的植物的进化过程，都是处于在自然选择的不同环境和气候中而求生存的过程，也是植物物种战胜自然、战胜对手、完善自我的过程，更是从低级向高级生态渐变进化的精细而曲折的过程体现。

植物的繁殖与延续形式

地球上任何生物物种的进化，最基本的前提是世代之间的不可间断性。如果某一物种在某个时期出现了失去繁殖生育的能力时，那么，这个物种从此以后就永远不会在地球上出现。植物的生存形态，由于是相对静止的，所以，植物繁殖后代的普遍方式都基本属于同体繁殖（无性繁殖）。高级种子植物是靠自身生命体所形成的精子和卵子的器官相互靠近，在生殖期通过排出精子使卵子受孕形成种子的方式，来实现其基因遗传的。植物大多数是同地球围绕太阳运行一圈即一年为一个生育期，这是植物生育周期的普遍性，但

69

也有它的特殊性。下面来谈谈植物的延续形式。

草的不断繁殖

直接式

是植物物种没有形成种子时的繁衍形态，直接式也有两种传播形式：一是以细胞裂殖和配子结合的方式来进行。初级的藻类植物都是以这种繁殖方式来延续后代的。二是表现为植物细胞的染色体，分别通过主根、枝根、气根和叶根等手段来进行传播。主根是维持植物体而生存的，当初级植物体在冬季死亡后，主根就能储存着此类植物再生的营养要素，当第二年春天到来时，它就会再爆枝开叶，萌芽生长，形成此类植物生命的延续。枝根、气根和叶根都是借助于动物和风或水流等因素，使其枝叶落到其他不同环境的地方，并能通过枝根、气根和叶根的手段形式继续生长出与其主体相似的植物。初级的简单植物大部分是采用这种方式来实现自身物种延续的。

间接式

间接式也可分为自然式和人为式两种。

自然间接式。在大自然中，植物物种经常会遇到风力、暴雨、洪水和各种水流因素所影响，并产生动力搬运，会把各类植物的种子从这个地方转移到另外的地方上生根发芽。另外，动物在吃植物的果实、种子和枝叶过程中往往能带离一些植物体或种子到其他的地方去。尤其是较大体型动物的排泄物内含有各类植物的种子，动物的排泄物本身可作为种子初生时的营养自然提供品，使种子更能有效地在异地萌芽生存。还有些动物为了过冬而储存大量的种子食物，使种子能到达异地，当春天到来时，它们也可以萌芽生长。

人为间接式。人类为了美化生活、美化城市，获得优质果实和优质食物来源，建造防洪带、防风带、防水带、防沙带等，主动地、大量地种植相应的植物物种，使其能在人为良性的生存环境下繁衍，这是植物物种基因传播最快最有效的途径。

授粉式

授粉式是植物比直接式更高层次的延续形式。植物物种在争夺空间时，体积不断壮大，高度不断增高。这些物种由于不能再以主根、枝根和叶根的形式繁衍下去，逐步进化成以花粉受精（花粉为精子，花蕊为卵子）的形式来延续生命。

最初走进陆地生存的初级植物是无花的，主要是依靠根连根来延续。当根连根越来越密，没有生长空间时，就自然迫使其向上生长，不得不采用更为高级的形式（花粉形式）来延续后代，这是植物生态自然选择的必然发展结果。当然，植物不是一下子就会形成以花粉受孕的形式来延续的，它们必须经过一段很漫长的演化适应过程。没有种子形

蜜蜂授粉

成的花类物种的出现，是植物过渡花粉受孕逐步形成种子出现的一种试探性形式，是形成种子植物的基础阶段，是实现种子植物形成的过渡性类种。当种子植物形成之后，它们的花朵能释放出芳香，能吸引昆虫和鸟类，并以其美丽、鲜味和糖分来为昆虫、鸟类提供良性食物。其目的是让昆虫、鸟类间接参与传播，使植物自身能达到受精作用，从而产生出植物种子的后代。

还有一种形式，就是依靠自然风把花粉吹落在花蕊上，使花蕊受孕。植物通过花粉受孕的手段能达到植物物种间接有性繁殖的高级延续形式。因为在同类的植物物种中，昆虫和鸟类在其花朵取花蜜时，嘴边和身上就带有这棵植物物种的精子（花粉），而又在同一物种的另一棵植物的花朵上取蜜时，就能将精子带到这棵植物花朵的花蕊上，使其达到受孕。这样，就形成了同一物种不同生命体的花粉与花蕊相互受孕，所孕育出来的种子就具有两个生

依靠风的蒲公英

命组合体的基因，是它们基因延续的混合物。从遗传学的角度来看，当然比同体繁殖的生命体优胜，这样就能实现植物间接有性繁殖和不断进化的目的。另外，有些种子的种皮具有承风和释放种子的功能作用，当种子成熟后，能将种子推离远处生长，并能达到自身物种不断扩大生存覆盖面的目的。

地球上所有的植物物种，由于产生的时代不同，自然选择的生态方向不

植物的延续

同，自身生长竞争能力的不同，所处的地理位置不同，适应环境与气候的变化不同，物种的延续形式不同，就形成今天我们所看到的、不同层次的、多姿多彩和多样性的植物世界。

动物的起源与进化

DONGWU DE QIYUAN YU JINHUA

目前，约有1000万种动物活跃在地球的各个角落。地球上最初的动物是从原生生物进化而来的，即原生动物。在适应环境的过程中，一部分原生动物演化成为了无脊椎动物，逐步出现了海绵动物们、肠腔动物门、扁形动物门、棘皮动物等。从此，动物的进化便踏上了一条飞速发展的康庄大道。

无脊椎动物中的棘皮动物进化为最初的脊椎动物，而后脊椎动物逐步从海洋走向陆地，先后出现了两栖动物、爬行动物等较高级的动物。爬行动物已经完全摆脱了对水的依赖，是真正的陆生动物，也是动物进化史上的一次重大转折。随后，爬行动物又沿着进化之途一路前奔，鸟类、哺乳动物，乃至灵长类等高级动物便在自然的选择之中出现了。

无脊椎动物的起源与分类

起源与演化

地球上无脊椎动物的出现至少早于脊椎动物1亿年。大多数无脊椎动物化石见于古生代寒武纪，当时已有节肢动物的三叶虫及腕足动物。随后发展了古头足类及古棘皮动物的种类。到古生代末期，古老类型的生物大规模绝灭。中生代还存在软体动物的古老类型（如菊石），到末期即逐渐绝灭，软体动物现代属、种大量出现。到新生代演化成现代类型众多的无脊椎动物，而在古生代盛极一时的腕足动物至今只残存少数代表（如海豆芽）。

无脊椎动物中包括：原生动物、扁形动物、腔肠动物、棘皮动物、节肢动物、软体动物、环节动物、线形动物 8 大类。所以无脊椎动物占世界上所有动物的 90％ 以上。我们现在就以其中有代表性的类别进行研究

原生动物

原生动物亚界的物种统称，包括一大群单细胞的真核（拥有明确的细胞核）生物。原生动物是最简单的生物之一。虽然构成一个亚界，但它们相互之间并不一定有亲缘关系。从生物学的观点来看，它们并非属于一个自然的类群，而只是将一大批生物体集合起来而已。已经记述的原生动物计有 65000 多种，其中一半以上为化石。现存的原生动物约 3 万种。

原生动物无所不在，从南极到北极的大部分土壤和水生栖地

原生动物

中都可发现其踪影。大部分肉眼看不到。许多种类与其他生物体共生，现存的原生动物中约 1/3 为寄生物。因为现代的电子显微镜技术和新的生化和遗传学技术提供了越来越多的知识，有助于人们认识各种原生生物物种和类群之间的关系，也因而常常证明以前的分类是不正确的，并使原生动物的分类需要经常修正。

原生动物的生物学特征

原生动物绝大多数由单细胞构成，少数种类是单细胞合成的群体。在五界分类系统中，常将原生动物单独归属于原生生物界。它主要有以下特征：

（1）体形微小。原生动物的大小一般在几微米到几十微米之间。可是，也有少数原生动物比较大。如蓝喇叭虫和玉带虫，体长可达1~3厘米，还有一种货币虫，它的外壳直径为16厘米。

（2）一般由单细胞构成，有些种类是群体性的。单细胞的原生动物整个身体就是一个细胞，作为完整有机体，它们同多细胞动物一样，有各种生命功能，诸如应激性、运动、呼吸、摄食、消化、排泄以及生殖等。单细胞的原生动物当然不可能有细胞间的分化，而是出现细胞内分化，由细胞质分化出各种细胞器来实现相应的生命功能。例如用来运动的有鞭毛、纤毛、伪足，摄食的有胞口、胞咽，防卫的有刺丝泡，调节体内渗透压的有伸缩泡等。

早期原生动物

有些原生动物是群体性的，但一般组成群体的细胞之间并不分化，各个个体保持自己的独立性。

（3）原始性。一般讲原生动物是最低等、最原始的动物，指的是它们

简单的原生动物

的形态结构和生理功能在现有各类动物中是最简单、最原始的，反映了动物界最早祖先类型的特点。从原生动物可以推测地球上最早的动物祖先的面目。现在生存的各类原生动物，是经历了亿万年进化而演变成的现代种。因此，切不可把现在的原生动物看做是其他各类动物的原始祖先。

（4）具有 3 种营养方式。一是植物性营养，又称光合营养，如绿眼虫等。二是动物性营养，又称吞噬营养，如变形虫、草履虫等。三是渗透性营养，又称腐生营养，如孢子虫、疟原虫等。

（5）当遇到不良条件时，它们形成包囊，把自己同不良的外界环境隔开，同时新陈代谢的水平降得很低，处于休眠状态。等到有合适的环境条件，又会长出相应的结构，恢复正常的生活。

另外，原生动物的适应性很强，它们能生存在各种自然条件下，如淡水、咸水、温泉、冰雪以至于植物的浆液，动物和人类的血液、淋巴液和体液等。

原生动物的繁殖

原生动物是无性繁殖的，不需要交配或性细胞器官。对大多数自由生活的物种而言，无性繁殖通过二分裂过程实现，即每次繁殖都是由一个母细胞分裂为两个完全相同的子细胞。包括寄生物种在内的鞭毛虫都是纵向分裂的；而纤毛虫的分裂通常则是横向的，并且在细胞质分裂前其口部已经先分裂了；根足门、辐足门和粒网门的生物通常则没有固定的分裂方式。有壳物种的分裂由于需要复制其骨骼结构，因此过程更加复杂。变形虫的有壳物种——如沙壳虫——将被分入子细胞的细胞质从母细胞外壳的小孔中挤出来，细胞质中预先形成的薄片就包裹在挤出的细胞质周围，形成新的壳质；这样就完成了整个分裂过程并形成两个单独的变形虫。

大多数自由生活的物种一般都在有利于无性繁殖的环境中生存。有性繁殖通常只是它们在不利环境中的一种手段而已，如当水生介质的枯竭导致普通细胞无法生存的时候。在变形虫和鞭毛虫中，只有有限物种具有进行有性繁殖的能力；有的物种在其进化史中可能从未进行有性繁殖，而其他物种则可能已经丧失了交配能力。原生动物的有性繁殖既包括同配生殖（性细胞或配子相似），也包括更高级的异配生殖（性细胞或配子不同）。

有孔虫是自由生活的物种中少见的同时具有无性和有性繁殖后代的物种，它们的每个生物体通过无性繁殖产生许多变形虫状的生物体，这些生物体能分泌出围绕在其周围的壳质。当它们发育成熟时，然后将许多同样的配子释放到海洋中；这些配子彼此成对结合，分泌出壳质并发育成熟，又重复上述过程。

几乎所有的纤毛虫都能进行有性繁殖，这个过程称为配对，但这种方式不能形成其数量的立即增加。配对有助于不同个体间遗传物质的交换。

软体动物

起源与演化

关于软体动物的起源有两种说法：一种认为软体动物起源于扁形动物；另一种认为软体动物和环节动物是从共同的祖先进化来的，只是由于在长期进化过程中各自向着不同的生活方式发展，所以，最后形成两类不同体制的动物。后一种说法理由比较充分，因为许多海产软体动物的种类在胚胎发育过程中也像许多环节动物一样具有一个担轮幼虫阶段。再加上两类动物发育都有卵裂，在成体中某些改造上有共同的地方。例如，排泄器官基本属于后肾管型，体腔都是次生的。

这个共同的祖先，一部分向着适于活动的方式的道路发展，形成了体节、疣足及发达的头部，这就是环节动物；另一部分向着适应于比较不活动的道路发展，就产生了保护用的

软体动物

外壳和许多适于运动的构造，如分节现象和头部或不出现或退化。同时，也发展了一些软体动物所特有的结构——外套膜。在软体动物各类群之间由于差别较大，并没有更明显的差别来很好地说明彼此间的亲缘关系。

在软体动物中，双神经纲是比较原始的，因为它的体制左右对称、次生体腔比较发达，保留着原始的梯形双神经系统。腹足纲是比较低等的类群，因为它具有类似环节动物的担轮幼虫或相似的面盘幼虫阶段。瓣鳃纲动物最显著的特征是呼吸系统的鳃是瓣状鳃。以现生的河蚌为例，每一片瓣状鳃就是一个鳃瓣，它是由两片鳃小瓣构成，在外侧的一片称外鳃小瓣，在内侧的一片称内鳃小瓣。每一鳃小瓣有许多的鳃丝构成，在鳃丝表面有纤毛，内部有血管，还有许多的小孔。在鳃小瓣之间的空隙有瓣间隔的横膈膜分隔开，形成许多鳃水管。由于纤毛的摆动，水由进水管进入外套膜后，有入鳃小孔进入鳃水管，再上升到鳃上腔，最后经过出水管流出体外。在水流过鳃丝的过程中，在鳃丝内的血液中完成气体交换。这类动物具有两个外套膜，因而有两瓣外壳，它们的低等种类足的底部宽平，匍匐

早期软体动物

而行，发育过程也出现担轮幼虫，所以它们有可能与腹足类同出一个共同的祖先。头足纲动物的身体结构高度发达，脑、眼及循环系统等都是软体动物中最进化的，在地层中最早发现的软体动物也是头足动物，也可能由于适应快速活动的社会方式，进化较快，向着特化的方向发展了。

消化系统

软体动物的消化管发达，少数寄生种类退化。多数种类口腔内具颚片和

齿舌，颚片一个或成对，可辅助捕食。齿舌是软体动物特有的器官，位口腔底部的舌突起表面，由横列的角质齿组成，似挫刀状。摄食时以齿舌作前后伸缩运动刮取食物。齿舌上小齿的形状和数目，在不同种类间各异，为鉴定种类的重要特征之一。小齿组成横排，许多排小齿构成齿舌。每一横排有中央齿一个，左右侧齿一或数对，边缘有缘齿一对或多对。

体腔和循环系统

软体动物的次生体腔极度退化，残留围心腔及生殖腺和排泄器官的内腔。初生体腔则存在于各组织器官的间隙，内有血液流动，形成血窦。

循环系统由心脏、血管、血窦及血液组成。心脏一般位于内脏团背侧围心腔内，由心耳和心室构成。心室一个，壁厚，能搏动，为血液循环的动力；心耳一个或成对，常与鳃的数目一致。心耳与心室间有瓣膜，防止血液逆流。血管分化为动脉和静脉。血液自心室经动脉，进入身体各部分，后汇入血窦，由静脉回到心耳，故软体动物为开管式循环。一些快速游泳的种类，则为闭管式循环。血液无色，内含有变形虫状细胞。有些种类血浆中含有血红蛋白或血青蛋白，故血液呈红色或青色。

呼吸器官

水生种类用鳃呼吸，鳃为外套腔内面的上皮伸展形成，位于腔内。鳃的形态各异，鳃轴两侧均生有鳃丝，呈羽状，称盾鳃；仅鳃轴一侧生有鳃丝，呈梳状，称栉鳃；有的鳃成瓣状，称瓣鳃；有些种类的鳃延长成丝状。称丝鳃。有的本鳃消失，又在背侧皮肤表面生出次生鳃，也有的种类无鳃。鳃成对或为单个，数目不一，少则一个或一对，多则可达几十对。陆地生活的种类均无鳃。其外套腔内部一定区域的微细血管密集成同形成肺，可直接摄取空气中的氧。这是对陆地生活的一种适应性。

排泄器官

软体动物的排泄器官基本上是后肾管，其数目一般与鳃的数目一致，只有少数种类的幼体为原肾管。后肾管由腺质部分和管状部分组成，腺质部分富血管，肾口具纤毛，开口于围心腔；管状部分为薄壁的管子，内壁具纤毛，肾孔开口于外套腔。后肾管不仅可排除围心脏中的代谢产物，也可排除血液中的代谢产物。另外围心脏内壁上的围心脏腺，微血管密布，可排除代谢产物于围心脏内，由后肾管排出体外。

神经系统

原始种类的神经系统无神经节的分化，仅有围咽神经环及向体后伸出的一对足神经索和一对侧神经索。较高等的种类主要有 4 对神经节，各神经节间有神经相连。脑神经节位于食管背侧，发出神经至头部及体前部，司感觉；足神经节位足的前部，伸出神经至足部，司运动和感觉；侧神经节发出神经至外套膜及鳃等；脏神经节发出神经至各内脏器官。这些神经节有趋于集中之势，有的种类的主要神经节集中在一起形成脑，外有软骨包围，如头足类。软体动物已分化出触角、眼、嗅检器及平衡囊等感觉器官，感觉灵敏。

成熟的软体动物

生殖和发育

软体动物大多数为雌雄异体，不少种类雌雄异形；也有一些为雌雄同体。卵裂形式多为完全不均等卵裂，许多属螺旋形。少数为不完全卵裂。个体发育中经担轮幼虫和面盘幼虫两期幼虫，担轮幼虫的形态与环节动物多毛类的幼虫近似，面盘幼虫发育早期背侧有外套的原基，且分泌外壳，腹侧有足的原基，口前纤毛环发育成缘膜或称面盘，也有的种类为直接发育。淡水蚌类有特殊的钩介幼虫。

节肢动物

节肢动物是动物界最大的一门，品种亦最繁多，约占全部动物品种的85％。对环境的适应力特强，生存地方包括海水、淡水、高山、空气、土壤，甚至是动物及植物的体内及体外。

主要特征

身体两侧对称，身体分节，但部分体节融合成特别部位，如头部及胸部。有些节肢动物，例如蜘蛛类，头部及胸部进一步融合成头胸部。身体的附肢，例如足部、触角、口器等都分节。

节肢动物

体壁坚硬，主要由几丁质组成，可提供保护，亦作为外骨骼之用。由于体壁坚硬，妨碍生长，节肢动物需要在生长期蜕皮多次。

古节肢动物

感官系统甚为发达，眼有单眼和复眼两种。复眼用作视物，而单眼用作感光。另外，还有触觉、味觉、嗅觉、听觉及平衡器官，好些昆虫还有特别的发声器。

节肢动物的呼吸系统颇为多样化，可以利用体表、鳃（水生的）及气管（陆生的）呼吸。蜘蛛等则利用书肺进行呼吸。

节肢动物的分类

1. 甲壳类

（1）特征。甲壳动物与气管类动物有两对触角和适应在水中生活的鳃。另一个古老的特征是甲壳动物分叉的足，这样的足在化石中的三叶虫就已经有了。几乎所有的甲壳动物有一种特别的幼虫状态（无节幼体）。这些幼体典型地分3个带足或触须的节，它们的无节幼体眼是单数的。在触角和足的基部甲壳动物有特别的、袋状的排泄器官。此外，所有的甲壳动物的干细胞分裂时的特征相同。

与其他所有节肢动物一样，甲壳动物的躯干由数个节组成。第一个节是头部的口前叶，最后一节是尾部的尾板。通过不同的适应方式，这个基本的构造方式可以形成非常不同的特别结构。尤其外肢的变化可以非常大（比如演化为口器、吸盘和生殖器等非常不同的器官）。一些节可以融合到一起形成比较大的躯干部分（体段）。总的来说，甲壳动物的躯干可以分3个大部分：头部由口前叶和可能6个节融合

甲壳类

后而成。胸部和腹部各由不同数量的节组成。胸部和腹部的区分主要由外肢的组合体现出来。腹部一般没有外肢或只有演变了的外肢。有时头部和胸部可能也会融合到一起而组成一个头胸部。

（2）繁殖和发展。甲壳动物的繁殖方式也很多样，最简单的有将精子和卵子放到水中进行外部受精。但也有通过演变的外肢进行体内受精的，甚至有一些寄生的甲壳动物的雄性退化而栖居在雌性的生殖器内的。

甲壳动物

甲壳动物的发展过程都类似。一般它们都经历多个幼虫期，每次幼虫期开始时幼虫通过萌芽产生新的节和外肢。除五口纲动物外，所有甲壳动物一开始的幼体都是典型的无节幼体。有些动物在卵内度过这个幼体期。此后不同纲的动物发展出不同的幼体。有些甲壳动物经过变态，有些不变态为成虫。

（3）进化。如同其他节肢动物一样，甲壳动物的进化过程还不很清楚。这个不清楚的主要原因在于它们的甲壳比较难保存为化石。最早的甲壳动物化石出现于寒武纪，今天发现的有介形亚纲和软甲亚纲动物的化石。最早的甲壳动物有可能类似于今天生活在盐水洞穴中的桨足纲，但它们没有留下化石。鳃足纲出现于泥盆纪，蔓足亚纲出现于志留纪。

尤其介形亚纲动物的壳常常在沉积岩中出现，因此它是重要的指针化石。从它们出现以来，

各种甲壳动物

它们就是浮游动物的重要组成部分。在化石中还常出现的有藤壶。

2. 蜘蛛类

蜘蛛的种类数目繁多，自然界中蜘蛛有近 4 万种。这些蜘蛛大致可分为游猎蜘蛛、结网蜘蛛及洞穴蜘蛛 3 种。第一类会四处觅食，第二类则结网后守株待兔。而人们作为宠物饲养的大多是第三类：洞穴蜘蛛。它们喜欢躲在沙堆或洞里，在洞口结网，网本身没有黏性，纯粹用来感应猎物大小，并加以捕食。

蜘蛛体长 0.05 毫米 ~ 60 毫米。身体分头胸部和腹部。部分种类头胸部背面有胸甲（有的没有）。腹面有一片大的胸板，胸板前方 2 个额叶，中间有下唇。腹部不分节，腹柄由第一腹节（第七体节）演变而来。腹部多为圆形或卵圆形，有的具有各种突起，形状奇特。腹部腹面纺器由附肢演变而来，少数原始的种类有 8 个，位置稍靠前；大多数种类有 6 个纺器，位于体后端肛门的前方；还有部分种类具 4 个纺器，纺器上有许多纺管，内连各种丝腺，由纺管纺出丝。感觉器官有眼、各种感觉毛、听毛、琴形器和跗节器。

蜘蛛体外被几丁质外骨骼，身体明显地分为头胸部及腹部，二者之间往往有腹部第一腹节变成的细柄相连接，无尾节或尾鞭。蜘蛛无复眼，头胸部有附肢六对，第一、二对属头部附肢，其中第一对为螯肢多为两节，基部膨大部分为螯节，端部尖细部分为螯牙，牙为管状，螯节内或头胸部内有毒腺，其分泌的毒液即由此导出。第二对附肢称为脚须，形如步足，但只具 6 节，基节近口部形成颚状突起，可助摄食，雌蛛末节无大变化，而雄蛛脚须末节则特化为生殖辅助器官，具有储精、传精结构，称触肢器。第三至六对附肢为步足，由 7 节组成，末端有爪，爪下还有硬毛一丛，故适于在光滑的

古蜘蛛

物体上爬行。

蜘蛛大部分都有毒腺，螯肢和螯爪的活动方式有两种类型，穴居蜘蛛大多都是上下活动，在地面游猎和空中结网的蜘蛛，则如钳子一般的横扫。

大多数蜘蛛的腹部不分节。有无外雌器（称生殖厣）是鉴定雌体种的重要特征。在腹部腹面中间或腹面后端具有特殊的纺绩器，3对纺绩器按其着生位置，称为前、中、后纺绩器，纺绩器的顶端有膜质的纺管，周围被毛，不同蜘蛛的纺管数目不同，不同形状的纺管，纺出不同的蛛丝，纺管的筛器，也是纺丝器官，像隆头蛛科的线纹帽头蛛的筛器上有9600个纺

有毒蜘蛛

管，可见其纺出的丝是极其纤细的。经由纺管引出体外的丝腺有8种，丝腺的大小及数目随蜘蛛的成长和逐次蜕皮而增加。蜘蛛丝是一种骨蛋白，十分黏细坚韧而具弹性，吐出后遇空气而变硬。

雌雄异体，雄体小于雌体，雄体触肢跗节发育成为触肢器，雌体于最后一次蜕皮后具有外雌器。

有毛簇的蜘蛛

蜘蛛卵生，卵一般包于丝质的卵袋内，雌体保护和携带卵袋的方式不一，或置网上、石下、树枝上，或用口衔卵袋，胸抱卵袋等。为不完全变态，在

胚胎时期腹部仍分节，营结网或不结网生活。网有圆网、皿网、漏斗网、三角网、不规则网等。

蜘蛛为食肉性动物，其食物大多数为昆虫或其他节肢动物，但口无上颚，不直接吞食固定食物。当用网捕获食饵后，先以螯肢内的毒腺分泌毒液注入捕获物体内将其杀死，由中肠分泌的消化酶灌注在被螯肢撕碎的捕获物的组织中，很快将其分解为液汁，然后吸进消化道内。

蜘蛛的生活方式可分为两大类，即游猎型和定居型。游猎型的：到处游猎、捕食、居无定所、完全不结网、不挖洞、不造巢的蜘蛛。有鳞毛蛛科、拟熊蛛科和大多数的狼蛛科等。定居型的：有的结网，有的挖穴，有的筑巢，

巨蟹蛛

作为固定住所。如壁钱、类石蛛等。蜘蛛似乎懂礼貌，凡营独立生活者，个体之间都保持一定间隔距离，互不侵犯。

昆虫类

蜘蛛不但雌雄异形，雄小于雌，而且有的异色，如跳蛛科的雄性体色明亮，雌性体色晦暗，巨蟹蛛科的雄性背面有红色斑纹，雌性全为绿色。

3. 昆虫类

昆虫通常是中小型到极微小的无脊椎生物，是节肢动物的最主要成员之一。昆虫

最大的特征就是身体可分为 3 个不同区段：头、胸和腹。它们有 6 条相连接的脚，而且通常有两对翅膀贴附于胸部。它们在希留利亚纪时期进化，而到石炭纪时期则出现有 70 厘米翅距的大型蜻蜓。它们今日仍是相当兴盛的族群。

雄虫　　　　　雌虫

甲　虫

（1）昆虫的种类。种类最多的目为甲虫，有蝶、蛾、蜂、蚁、蝇、蚊等。从沙漠到丛林、从冰原到寒冷的山溪到低地的死水塘和温泉，每一个淡水或陆地栖所，只要有食物，都有昆虫生活。有许多生活在盐度高达海水的 1/10 的咸淡水中，少数种类生活在海水中。有的双翅目幼虫能生活于原油池中，取食落入池中的昆虫。昆虫卵壳上通常有呼吸孔，并在壳内形成一个通气的网络。有些昆虫的卵黏在一起形成卵鞘。有的昆虫以卵期度过不良环境。如某些蚱蜢以卵度过干旱的夏季，待潮湿时再行发育。在干燥条件下伊蚊的卵在发育完成后进入一个休眠期，如放入水中，迅速孵化。

（2）昆虫的特征。昆虫成为最繁盛的动物类群。

昆虫是无脊椎动物中惟一有翅的一类，也是动物中最早具翅的一个类群。飞翔能力的获得，给昆虫在觅食、求偶、避敌、扩散等方面带来了极大的好处。

昆虫具有惊人的繁殖能

昆虫的翅膀

力。大多数昆虫产卵量在数百粒范围内，具有社会性与孤雌生殖的昆虫生殖力更强，如果需要，一只蜜蜂一生可产卵百万粒，有人曾估算一头孤雌生殖的蚜虫若后代全部成活并继续繁殖的话，半年后蚜虫总数可达6亿个左右。强大的生殖潜能是种群繁盛的基础。

大部分昆虫的体较小，不仅少量的食物即能满足其生长与繁殖的营养需求，而且使其在生存空间、灵活度、避敌、减少损害、顺风迁飞等方面具有很多优势。

不同类群的昆虫具有不同类型的口器，一方面避免了对食物

繁殖力强的蜜蜂

的竞争，同时部分程度地改善了昆虫与取食对象的关系。

绝大部分昆虫为全变态，其中大部分种类的幼期与成虫期个体在生境及食性上差别很大，这样就避免了同种或同类昆虫在空间与食物等方面的需求矛盾。

（4）适应力强。从昆虫分布之广，种类之多，数量之大，延续历史之长等特点我们可以推知其适应能力之强，无论对温度、饥饿、干旱、药剂等，昆虫均有很强的适应力，并且昆虫生活周期较短，比较容易把对种群有益的突变保存下来。对于周期性或长期的不良环境条件，昆虫还可以休眠或滞育，有些种类可以在土壤中滞育几

适应力强的蚊子

年、十几年或更长的时间，以保持其种群的延续。

4. 多足类

蜈　蚣

多足类动物体长形，分头和躯干两部，一般背腹扁平。头部有一对触角，多对单眼。口器由一对大颚及 1～2 对小颚组成。躯干部由许多体节组成，每节有 1～2 对前足。用气管呼吸，排泄为马氏管。多足类为陆生动物，栖息隐蔽，已知 10000 多种，包括蜈蚣、马陆等。

蜈蚣体扁平，每体节有一对步足，分石蜈蚣、蜈蚣和地蜈蚣 3 类，约有2800 种。石蜈蚣类躯干有 18 个体节，步足 15 对；蜈蚣类为 15～27 体节，步足 21～23 对；地蜈蚣类体节多，变化大，步足 31～170对。蜈蚣躯干部第一对附肢特别强大，形成颚足，末节成为毒爪，颚足内有毒腺。蜈蚣肉食性，以毒爪刺入捕获物体内，注入毒素使之麻痹，再咬破体壁，摄食体内组织器官等柔软部分。少棘蜈蚣为习见种类，一般长 100 毫米，最大可达 150 毫米，背侧深绿，有光泽，头及第一体节背板红色。生活在潮湿阴暗处。整体干制，可入药。蚰蜒，步足 15 对，细而长，易脱落，俗称"钱串儿"，室内有时发现。

多足类

担轮幼虫

担轮幼虫是海产环节动物和多数软体动物特有的自由游泳的幼虫。环节动物中的陆生和淡水种类为直接发育，不经过幼虫期；海产种类则存在幼虫阶段，经变态发育为成虫。

受精卵经螺旋式卵裂、囊胚，以内陷法形成原肠胚，发育成担轮幼虫。幼虫呈陀螺形，体中部具2圈纤毛环，分别称前担轮和后担轮。纤毛之中有口。担轮幼虫有很多原始的特点，如无体节、具原肾管、靠纤毛运动。到幼虫的后期逐步变态，形成体节和真体腔，并产生后肾管。

鱼类的进化和种群分布

脊椎动物全身分为头、躯干、尾3个部分，躯干又被横膈膜分成胸部和腹部，有比较完善的感觉器官、运动器官和高度分化的神经系统。包括鱼类、两栖动物、爬行动物、鸟类和哺乳动物等5大类。

鱼类是最古老的脊椎动物。最早的鱼是4.5亿年前出现在地球上的圆嘴无颌的鱼。鱼类很容易从外表上区分开来，它们组成了脊椎动物中最大的类群：在总数为5万种的脊椎动物中，鱼类约有2.2万种。它们几乎栖居于地球上所有的水生环境——从淡水的湖泊、河流到咸水的大海和大洋。

脊椎动物

鱼类是终生生活在水中，用鳃呼吸，用鳍辅助身体平衡与运动的变温脊椎动物，是脊椎动物中最原始最低级的一群。

并不是所有生活在水里的动物都是鱼类，例如鲸就是哺乳动物。然而，所有的鱼类都能很好地适应水中的生活。它们用鳍运动。鱼有两对鳍——胸鳍和腹鳍，分别位于身体的两则；还有一个尾鳍，生长于尾部；并且根据种类的不同，在背上生有一个或两个背鳍，在臀上生有一个臀鳍。它们有一个充满气体的囊，叫做鳔，它使鱼能够在水中沉降、上浮和保持位置。只有鳐鱼和鲨鱼没有这个器官。鱼类还有用来呼吸的鳃，大多数种类的鳃被鳃盖骨覆盖。鳃位于头的两侧，嘴的后方，用来过滤从嘴吞入的水，从水中获取氧，然后从被称为鳃裂的开口处将水排出。不同种类的鱼的大小差异很大。它们的身体由3部分组成：头部、躯干部和尾部。皮肤上覆盖着鳞片，其大小和数目不同。在两侧各有一条明显的线叫做侧线，是感觉器官，用来确定方向。一些硬骨鱼的肌肉被一些细小的骨头分隔开。

分 类

鱼类一般分无颌和有颌两大类。

无颌类。脊椎呈圆柱状，终身存在，无上下颌。起源于内胚层的鳃呈囊状，故又名囊鳃类；脑发达，一般具10对脑神经；有成对的视觉器和听觉器。内耳具一或两个半规管。有心脏，血液红色；表皮由多层细胞组成。偶鳍发育不全，有的古生骨甲鱼类具胸鳍。对无颌类的分类不一。

有颌类。具上下颌。多数具胸鳍和腹鳍；内骨骼发达，成体脊索退化，具脊椎，很少具骨质外骨骼。内耳具3个半规管。鳃由外胚层组织形成。由盾皮鱼、软骨鱼、棘鱼及硬

软骨鱼

骨鱼组成。其中盾皮鱼和棘鱼只有化石种类。分布在世界各地,主要栖息于低纬度海区,个别种类栖于淡水。

软骨鱼

本系是现存鱼类中最低级的一个类群,全世界有 200 多种,我国有 140 多种,绝大多数生活在海里。

其主要特征是:

①终生无硬骨,内骨骼由软骨构成。

②体表大都被楯鳞。

③鳃间隔发达,无鳃盖。

④歪型尾鳍。

硬骨鱼

硬骨鱼系是世界上现存鱼类中最多的一类,有 2 万种以上,大部分生活在海水域,部分生活在淡水中。

其主要特征是:

①骨骼不同程度地硬化为硬骨。

②体表被硬鳞、圆鳞或栉鳞,少数种类退化无鳞,皮肤的黏液腺发达。

③鳃间隔部分或全部退化,鳃不直接开口于体外,有骨质的鳃盖遮护,从鳃裂流出的水,经鳃盖后缘排走,多数有鳔。

硬骨鱼

④鱼尾常呈正型尾,亦有原尾或歪尾。

⑤大多数体外受精,卵生,少数在发育中有变态。

地理分布

世界现存鱼类的分布极广，近4000米的高山水域与6000余米的深海均有踪迹，其中海水鱼与淡水鱼的种数之比为2：1。影响鱼类地理分布的因素很多，包括盐度、温度、水深、海流、含氧量、营养盐、光照、底形底质、食物资源量与食物链结构以及历史上的海陆变迁等。

海洋鱼

海洋鱼类。约80%分布在浅海大陆架区，特别是印度洋—太平洋的热带、亚热带海区。等温线与海鱼的分布关系极大。在寒带与亚寒带海区分布的主要经济鱼类有鲱、鳕、鲑、鲽和鲭等；在亚热带海区分布的主要是沙丁鱼、鲹和鲐；在热带、亚热带海区则分布金枪鱼等。

淡水鱼类。通常分原生和次生两大类，前者如鲤形目等鱼类，后者如丽鱼科以及其他由海洋进入淡水生活的鱼类，比较能耐半咸水环境。

两栖动物的起源与分化

脊椎动物在水中形成的初期，鱼类动物是最早形成的生存形态，是各类脊椎动物发展的基础来源。随着初级脊椎动物的不断进化与发展，某些鱼类物种通过在水边、湿地、红树林及沼泽地这些特殊环境，作为跨越陆地生存活动的适应性跳板，久而久之，逐步演化出一类能适应水陆之间的环境与气候而生存的两栖动物。两栖动物是一种幼体生存在水环境中而成体生存在陆地上的脊椎动物。

　　作为第一批登陆的脊椎动物，两栖动物有着最长的发展历史，但是关于两栖动物起源和演化的历史，现在仍然不很明确。

　　两栖动物的祖先是肉鳍鱼类。进入石炭纪后，两栖动物迅速分化，并在古生代的最后两个纪石炭纪和二叠纪达到极盛，这个时代也因此称为两栖动物时代。这个时期的两栖动物多种多样，适应不同的生存环境，有些相当适应陆地生活，有些则又回到了水中，有些大型的种类如石炭纪的始螈可以长到4~8米长，习性颇似

古两栖动物

现代的鳄鱼，还有不少相貌奇特的种类。与现在的两栖动物不同，这些早期的两栖动物身上多具有鳞甲。在古生代结束后，大多数原始两栖动物灭绝，只有少数延续了下来，而新型的两栖动物则开始出现。

三叠纪的原蛙

　　进入中生代后，现代类型的两栖动物开始出现。现代类型的两栖动物身上光滑而没有鳞甲，皮肤裸露而湿润，布满黏液腺。这种皮肤可以起到呼吸的作用，有些两栖动物甚至没有肺而只靠皮肤呼吸。最早的滑体两栖类是三叠纪的原

蛙，如三叠尾蛙，与现代的蛙有些类似，但是有短的尾。

1. 无尾类

无尾类

有适应陆上生活的骨骼系统，身体分头、躯干和四肢。前肢四趾，后肢五趾，趾间有蹼。后肢适用于游泳及跳跃有肺，但主要呼吸器官为口腔内壁及皮肤。

无尾类包括现代两栖动物中绝大多数的种类，也是两栖动物中惟一分布广泛的一类。无尾类的成员体型大体相似，而与其他动物均相差甚远，仅从外形上就不会与其他动物混淆。无尾类幼体和成体则区别甚大，幼体即蝌蚪有尾无足，成体无尾而具四肢，后肢长于前肢，不少种类善于跳跃。无尾类的成员统称蛙和蟾蜍，蛙和蟾蜍这两个词并不是科学意义上的划分，从狭义上说二者分别指蛙科和蟾蜍科的成员，但是无尾类远不止这两个，而其成员都冠以蛙和蟾蜍的称呼，一般来说，皮肤比较光滑、身体比较苗条而善于跳跃的称为蛙，而皮肤比较粗糙、身体比较臃肿而不善跳跃的称为蟾蜍，实际上有些科同时具有这两类成员，在描述无尾类的成员时，多数可以统称为蛙。无尾类历史悠久，三叠纪便

茅条蟾蜍

平原蟾蜍

桔色蟾蜍

各种蛙

已经出现，直到现代仍然繁盛，除了两极、大洋和极端干旱的沙漠以外，世界各地都能见到，但在在热带地区和南半球尤其是拉丁美洲最为丰富，其次是非洲。无尾类可分为原始的始蛙亚目和和进步的新蛙亚目，或进一步将始蛙亚目划分为始蛙亚目、负子蟾亚目和锄足蟾亚目。对于科的划分也有很多不同意见。

蛙类的卵只能在潮湿的环境中发育，故多数蛙类产卵于水中。许多种类在繁殖季节临时大量聚集在一个池塘中。雄蛙以鸣声招引异性。在山川和在陆上繁殖的种类没有同种群集的现象。雌蛙通过雄蛙的鸣声，可辨别是同种或异种，因此可避免栖于同一地区的近似种杂交。多数蛙类在静水中产卵。卵单个或成团、成链状。产卵数目 200～10000 枚。卵浮在水面上、贴附于枝条或水草上，或是贴附在不受水流冲击的岩石下面。多数蛙类性情温和，某些种类有进攻性，尤其在繁殖季节，雄性间会为争夺领域而战斗。

多数蛙类幼体生活于水，称蝌蚪。蝌蚪具软骨性骨骼，皮肤薄，无腺体，肠长而盘绕，无上下腭，无肺，无眼睑，有尾和鳃。食水中植物（包括藻类）。后相继出现后肢和前肢，前肢在出现前已发育完备。尾逐渐被吸收以至消失。腭及真牙出现。消化道变短、折叠、壁加厚。多数在 2～3 个月完成变态；北美锄足蟾仅需 2 个星期；北美牛蛙则需 3 年。

2. 无足类

无足类通称为蚓螈，是现代两栖动物中最奇特、人们了解的最少的一类。蚓螈完全没有四肢，是现存惟一完全没有四肢的两栖动物，也基本无尾或仅有极短的尾，身上有很多环褶，看起来极似蚯蚓（长相极似，内部却完全不同），多数蚓螈也像蚯蚓一样穴居，生活在湿润的土壤中。蚓螈虽然有眼睛，但是比较退化，有些隐藏于皮下或被薄

无足类

骨覆盖，而在鼻和眼之间有可以伸缩的触突，可能起到嗅觉的作用。一些蚓螈背面的环褶间有小的骨质真皮鳞，这是比较原始的特征，也是现代两栖动物中惟一有鳞的代表。所有的蚓螈都是肉食性动物，主要捕食土壤中的蚯蚓和昆虫幼虫。不少蚓螈是卵胎生，但是也有一些是卵生。蚓螈共有160余种，分布于大多数热带地区，但是不出现于澳大利亚、马达加斯加和加勒比海诸岛，而在印度洋的塞舌尔群岛却有分布。蚓螈可以分成6个科。其中的肯尼亚萨嘎拉蚓螈位列全球十大濒危两栖动物。

3. 有尾类

形态特征：终身有尾，尾较长侧扁，适于游泳。幼体及成体体形近似，最不特化。体长形，分头、躯干和尾3部，颈部较明显，四肢匀称。皮肤光滑湿润，紧贴皮下肌肉，富于皮肤腺，全无小鳞。耳无鼓膜和鼓室。幼体用鳃呼吸，成体用肺呼吸，也有些种类终生具鳃，肺很不发达或无肺，而皮肤呼吸却占重要地位。循环系统显示了比无尾目更为原始的特点，如心房间隔不完整，左右心房仍相通；静脉系统出现了后腔静脉，但终生还保留着后主静脉。有些种类终生还保留着鱼类特有的侧线。一般不能发声。舌不能从后端翻出摄食。上下颌均有小齿，仅鳗螈类覆以角质片。椎体双凹型或后凹型，有肋骨。肢带软骨质成分多，肩带仅肩臼周围的部分骨化，适于在水中迅速游动。在陆上活动时，躯干

有尾类

很少抬离地面，以交替的迈步动作和躯干与尾的波状弯曲前进。能疾走或树栖的种类，其四肢较长，或尾有攀援能力。

体皮肤无鳞，多数具有四肢，少数只有前肢而无后肢。变态不显著。有的具有外鳃，终生生活于水中，有的在变态后移到陆上湿地生活。雄性无交接器。有的体外受精，如小鲵、大鲵；有的体内受精，如蝾螈。雄性先排精包，雌性将精包纳入泄殖腔，当排卵时，精包释放精子，受精是在输卵管内进行，多卵生。幼体先出前肢，再出后肢。在我国分布的种类不多，有20余种，如小鲵、大鲵、蝾螈等。

生活习性：适应于水栖生活，大多生活于淡水水域，也有些种类变态后离水而栖于湿地。生活在池塘、江河、湖泊、山溪、沼泽中的多为半水栖，其他以终生水栖或陆栖为主。

繁殖：无交接器，多为卵生。个

大鲵

别种类卵胎生或胎生。体外受精或体内受精。体内受精者，雄性泄殖腔内腺体分泌的胶质，能将大量精子粘在精包内；雌性的泄殖腔边缘突出，能将雄性排出的精包纳入泄殖腔内，完成受精作用。某些种类的成体保留多种幼态性状，即已达性成熟阶段者称为童体型或幼态持续型。

两栖动物的变态

在有些动物的个体发育中，其形态和构造上经历阶段性剧烈变化：有些器官退化消失，有些得到改造，有些新发生出来，从而结束幼虫期，建成成体结构。这种现象统称为变态。大多数无脊椎动物门类中都有进行变态的种类，在脊椎动物中变态仅见于鱼类和两栖类。通过变态，不仅动物成体形态建立，同时其生理特性、行为、活动方式和生态表现都与幼虫期有显著差别。

无尾两栖类，如蟾蜍、青蛙等的幼虫期称蝌蚪。由此期进入成体要经过尾部退化、四肢出现、角质齿退化、口变宽、外鳃消失和肺的生成等。有尾两栖类中蝾螈的变态，主要表现在鳃的消失和肺的生成。

摆脱对水依赖的爬行动物

爬行动物是第一批真正摆脱对水的依赖而真正征服陆地的脊椎动物，可以适应各种不同的陆地生活环境。爬行动物也是统治陆地时间最长的动物，其主宰地球的中生代也是整个地球生物史上最引人注目的时代。那个时代，爬行动物不仅是陆地上的绝对统治者，还统治着海洋和天空，地球上没有任何一类其他生物有过如此辉煌的历史。现在虽然已经不再是爬行动物的时代，大多数爬行动物的类群已经灭绝，只有少数幸存下来，但是就种类来说，爬行动物仍然是非常繁盛的一群，其种类仅次于鸟类而排在陆地脊椎动物的第二位。爬行动物现在到底有多少种很难说清，各家的统计数字可能相差千种，新的种类还在不断被鉴定出来，大体来说，现在爬行动物应该接近 8000 种。由于摆脱了对水的依赖，爬行动物的分布受温度影响较大而受湿度影响较少，现存的爬行动物除南极洲外均有分布，大多数分布于热带、亚热带地区，在温带和寒带地区则很少，只有少数种类可到达北极圈附近或分布于高山上，而在热带地区，无论湿润地区还是较干燥地区，种类都很丰富。

现存的爬行动物包含 4 类：鳄类、喙头蜥类、有鳞类、龟鳖类。

鳄 类

体型长大，前身挺起，后肢修伟。尾部粗壮，比躯干长，侧扁如桨，是支撑体重的平衡器，又是游泳与袭击猎物或敌害的武器。头扁平延长成吻。鼻孔在吻端背面。指五，趾四（第五趾常缺），有蹼。眼小而微突，瞳孔纵窄，与外鼻孔连成一线。头部皮肤紧贴头骨，躯干、四肢覆有角质盾片或骨鳄长者达 10 米，是现在最大的爬行动物，但远比史前的亲属小。今日鳄类过两栖生活，水生甚于陆栖，大致分布于热带、亚热带的大河与内地湖泊。有极少数入海，如分布于南亚至大洋洲北部的湾鳄。一般夜出，白天常张吻（调节气温），偃卧岸侧，受惊立即入水。以鱼、蛙与小型兽为食。幼鳄也吃无脊椎动物。雌鳄在自掘的窟穴中或植物茎叶堆上产硬壳卵，借发酵热度胚胎发育。卵的大小

鳄

与卵壳因种而异。母鳄常以尾泼水濡卵。孵化前，幼鳄能发声，由母鳄帮助它出壳，成鳄吼鸣，声可传很远。

进化中的鳄

上三叠纪最古老的原鳄与槽齿蜥极其相似。侏罗纪、白垩纪的中生鳄上颞窝很大，内鼻孔前移到口盖骨与翼骨间。侏罗纪、白垩纪的海生鳄具桨形短前肢与有鳍而末端锐曲的尾部。西巴鳄见于南美始新世，前吻高而小，次生腭短而组合无翼骨。白垩纪起始有真鳄亚目，种类最多。第三、四纪的鳄类大部分属真鳄亚目，次生腭有翼骨加入。现存真鳄有 3 科：①鼍科，吻喙短阔，与头颅后段无明显界限。闭嘴时，下颌齿列在颚齿列内侧。下颌第四齿壮大，咬上颌为孔穴。典型的鼍属有两种，一种是北美的密河鼍，另一种是长江的中华鼍。②鳄科，吻喙短阔，上下颌齿列交错切接骈列，下颌第四齿壮大，咬上颌为

洼沟。典型的鳄属有 11 种，广泛分布于热带。③食鱼鳄科，吻喙狭长，与头颅后段显然有别，仅印度有恒河食鱼鳄一种。

从三叠纪初见鳄类动物起，至今很少变动，所以现存的鳄类可以称为活化石。

古巴鳄

喙头蜥类

喙头蜥，因牙齿构造也称为楔齿蜥。其他名称也有鳄蜥或新西兰鳄蜥，亦可称为刺背鳄蜥，仅分布于新西兰科克海峡中的数个小岛上，是喙头目仅存的成员，只有一科一属两种。由于鼬类与老鼠的引进，已濒临绝种。额头有松果眼（俗称第三只眼）的痕迹，是非常原始的蜥蜴，被认为是活化石。

本物种的最大特点是具有第三只眼睛。所谓"第三只眼睛"，即松果体，在脊椎动物的大脑中广泛存在，与感光功能有关，其结构与眼睛相似。但在其他动物中，松果体通常退化并深埋于颅腔内，而喙头蜥的松果体则露出并可感光。

有鳞类

这是现生爬行类中的常见者，如蜥蜴、蛇均属之。无次生腭，脊椎常为前凹型。蛇类失去四肢，脊椎骨和肋骨数目增加，使身体变长，方骨活动，使口张得很大。在有鳞目化石中，蜥蜴类比蛇类更为常见。

形态特征：体形一般细长，被覆角质鳞片。多数种类无骨板。头骨为双窝型。颞区有上、下两个窝，由眶后骨与鳞骨合成骨弧所隔开。但通常下方的方轭骨弧消失，因而下颞窝是开放的。由于方骨下端游离，头骨和下颌间的关节活动性较大。

蜥蜴

起源进化：有鳞总目大概起源于三叠纪。南非早三叠纪的原蜥蜴及其亲属大概占据着始鳄类与有鳞类之间的位置，因其方骨上端与鳞骨间呈不可动关节，可归属始鳄类，但它又具有蜥蜴类的特征。不列颠三叠纪晚期的孔耐蜥和北美三叠纪的依卡洛蜥已进化到方骨与鳞骨间呈可动关节的阶段，因此均属蜥蜴类。蛇类是爬行动物中最晚进化形成起来的一支，为高度特化的蜥蜴类。大概从恐龙时代结束以来，有鳞总目就一直保持着巨大的优势。

龟鳖类

龟鳖类

特征与习性

龟鳖类动物基本保留原始体型。背腹甲间有甲桥在体侧连接，甲由真皮骨化的膜成骨板与上面盖着表皮角化的盾片构成。盾片与骨板逐年增长，盾片上有生长线，而盾顶区与其邻近的小片则常磨损脱落。背甲有上穹突，正中一行脊板（连脊椎骨）8 枚，上盖脊盾 5 枚，两侧各有一行肋板（连接肋骨）8 对，上盖肋盾通常 4 对，其外围还有缘板 11 对和缘盾 12 对，鳖科无缘板或仅留痕迹。骨板、盾片的数目和大小不等，两相黏合以加强龟壳的坚固性。腹甲平坦，包括骨板 9 枚（上、舌、下、剑腹板各 1 对，内腹板一枚），上覆盾片 6 对（喉、肱、胸、腹、股、肛盾各 1 对）。鳖甲无角盾而以皮膜的鳖裙代替。

棱皮龟无整块背甲，而有许多细小多角形骨片排列成行、紧贴在表皮上，不与深层的骨板连接成大块背甲。胚胎发育早期，肋骨位于骨板内。由于背腹甲发育迅速，肋骨并合在背甲里随同发育。后因肢常发育较晚，成体的肋骨落在肢带外面，后段还有腹膜肋。头、颈、四肢都可缩入骨匣，免被掠食。四肢短粗，覆以角鳞，指、趾五枚，短小而有爪。海生种类四肢鳍状如桨，指、趾较长，但爪数较少。尾短小。雄性尾较长，腹甲略为凹。交接器单枚。泄殖孔圆形或星裂。颅顶平滑无雕饰纹，腭缘平阔无齿，而覆以坚厚角鞘，前端狭窄成喙。喙尖有外鼻孔。头侧眼圆而微突，有眼睑与瞬膜，鼓膜圆而平滑。头顶后段覆以多角形细鳞；头颅骨片连接牢固，无顶孔，颞部无窝，或有次生小窝孔；次生腭骨质完整；舌短阔柔软，黏附口腔底，不能外伸。颈椎八枚，衔接灵活，

海产龟类

无颈肋。以肺呼吸，心脏三窝，一心室二心房。膀胱单枚。水栖者泄殖腔两侧有肛门囊辅助呼吸。腋胯间有臭腺，在交配季节气味大。繁殖季节为 5～10 月，此期雄性的颜色特别鲜明。交配后产卵 一至数次，体内受精。雌龟用后

肢掘土成穴，在穴中产卵，然后覆以沙土，靠自然气温孵化。卵的大小与数目因种而异（1~200 枚不等）。卵有皮膜或钙质外壳。孵化期随气温而有异，越冷时间越长。成体有肉食性、素食性、杂食性。温带种类冬季蛰伏（冬眠），热带种类炎热时期蛰伏（夏眠）。海产龟类能从数十里外返回原地交配产卵。龟龄寿命可达 150 年以上。

已灭绝的爬行动物——恐龙

恐龙最早出现在约 2.4 亿年前的三叠纪，灭亡开始于约 6500 万年前的白垩纪所发生的白垩纪末灭绝事件。恐龙最终灭绝于 6300 万年前的新生代第三纪古新世。

恐龙的多样性发展

从早侏罗纪到晚白垩纪，恐龙家族适应环境因而发展迅速，使得恐龙向着多样性方向发展，恐龙的种群数目增加，使恐龙这一类具有优势，恐龙由此得以支配地球陆地生态系统。恐龙种类多，体形和习性相差也大。其中个子大的，可以有几十头大象加起来那么大；小的，却跟一只鸡差不多。就食性来说，恐龙有温驯的素食者和凶暴的肉食者，还有荤素都吃的杂食性恐龙。

恐龙习性

从 2.45 亿年前到 6500 万年前的中生代，爬行类成了地球生态的支配者，故中生代又被称为爬行类时代。大型爬行类恐龙即出现于中生代早期。植食性的梁龙和迷惑龙，是体形与体重最大的陆栖动物。霸王龙是迄今为止陆地上最大的食肉动物。另有生活在海中的鱼龙与蛇颈龙及生活于空中的翼龙等共同构成了一个复杂而完善

梁 龙

的生态体系。

恐龙类别

蜥脚类：原蜥脚类主要生活在晚三叠纪到早侏罗纪，是一类杂食——素食性的中等体型的恐龙，例如生活在地球上的第一种巨型恐龙——板龙，生活在侏罗纪早期的安琪龙。

板　龙

蜥脚类绝大多数都是巨型的素食恐龙。头小，脖子长，尾巴长，牙齿成小匙状。蜥脚亚目的著名代表有产于我国四川、甘肃晚侏罗纪由19节颈椎组成的脖子长度约等于体长的一半的马门溪龙，世界上已知体形最大的动物——地震龙或易碎双腔龙等。

兽脚类：生活在晚三叠纪至白垩纪。它们都是肉食龙，两足行走，趾端长有锐利的爪子，头部很发达，嘴里长着匕首或小刀一样的利齿。霸王龙是著名代表，其余如异特龙，南方巨兽龙等也颇具名气。

鸟脚类：是鸟臀类中乃至整个恐龙大类中化石最多的一个类群。它们两足或四足行走，下颌骨有单独的前齿骨，牙齿仅生长在颊部，上颌牙齿齿冠向内弯曲，下颌牙齿齿冠向外弯曲。它们生活在晚三

异特龙

叠纪至白垩纪，全都是素食恐龙。如：鸭嘴龙、禽龙等。

剑龙类：四足行走，背部具有直立的骨板，尾部有骨质刺棒两对或多对，剑龙类主要生活在侏罗纪到早白垩纪，是恐龙类最先灭亡的一个大类。其代表有被认为居住在平原上的剑龙，被发现于坦桑尼亚的肯龙。

剑 龙

甲龙类：体形低矮粗壮，全身披有骨质甲板，以植物为

甲 龙

温顺的食草动物原角龙等等。

肿头龙类：主要特点是头骨肿厚，颞孔封闭，骨盘中耻骨被坐骨排挤，不参与组成腰带，主要生活在白垩纪。

食，主要出现于白垩纪早期。例如生活在欧洲的海拉尔龙，生活在英国的多刺甲龙。

角龙类：是四足行走的素食恐龙。头骨后部扩大成颈盾，多数生活在白垩纪晚期，我国北方发现的鹦鹉嘴龙即属角龙类的祖先类型。其中有与霸王龙齐名的三角龙，

角 龙

冬眠和夏眠

冬眠也叫"冬蛰"，某些动物在冬季时生命活动处于极度降低的状态，是这些动物对冬季外界不良环境条件（如食物缺少、寒冷）的一种适应。熊、蝙蝠、刺猬、极地松鼠、青蛙、蛇等都有冬眠习惯。在环境温度升高到一定程度，或其他刺激下，其体温可迅速恢复到正常水平。夏眠与冬眠一样都是动物在缺少食物的季节为了生存的自然现象。例如地老虎（昆虫）、非洲肺鱼、沙蜥、草原龟、黄鼠等都有夏眠习惯。

在天空自由飞翔的鸟类

鸟的起源

始祖鸟化石

鸟类起源的研究，经过了主要这样的一些阶段。

1868 年，赫胥黎提出了鸟类起源于恐龙的假说。赫胥黎是英国著名的一个生物学家，也是达尔文进化论的坚定支持者，同时他也是首先提出鸟类起源于恐龙学说的一位学者。

1973—1985 年，学者在研究脊椎动物化石的时候，发现有一块被鉴定成翼龙的化石具有羽毛，进而找到了另外一件始祖鸟化石。这种偶然的发现，使学者将鸟类和恐龙的关系连接到了一起。1986 年一直到现在，恐龙起源学说不断盛行，越来越多的化石证据支持了这样的一种假说。

来自于我国的带毛的恐龙，如中华龙鸟是第一个身上保存真正的分叉羽毛的恐龙化石。该化石的发现，引起了国际古生物学界很大的轰动，被认为是鸟类起源于恐龙的学说最重要和最新的证据。甚至有学者提出恐龙没有绝灭，我们所见到的现

中华龙鸟

生的鸟类都是恐龙，生活在南美的蜂鸟当然就自然而然成为最小的恐龙。

鸟类的起源是复杂的问题，当更多证据被发现后，或许还有其他的解读（现在普遍认为，中华龙鸟是鸟类最早的祖先）。

结构与功能

鸟的结构

鸟类是自古代爬行类中的恐龙类进化而来，一方面继承了爬行类的某些结构，一方面又出现适应飞翔和恒温的新结构。心脏有两个心房和两个心室，动脉血与静脉血完全分开，保证了动脉血中含有丰富的氧。

羽毛与飞翔

鸟的前肢覆盖着初级与次级飞羽和覆羽，从而变成飞翔的构造，尾羽能在

飞翔中起定向和平衡作用。

现代鸟类无牙齿，尾骨退化，无膀胱，可减轻体重；骨腔内充气，头骨、下部脊椎和骨盆愈合，鸟体坚实而轻便，以提高飞行效率。

鸟的飞翔

跗骨与胫骨和跖骨分别愈合成跗胫骨和跗跖骨，足跟离地，增加了起落时的弹性。大多数鸟类四趾。拇趾向后，有利于抓握树枝。由于趾屈肌肌腱的特殊结构，在栖息时，趾不会松脱。鸟类的取食、梳理羽毛、筑巢以及防御活动，均由嘴来完成，因而颈部较长，有多个相连的马鞍形颈骨，运动极为灵活。

繁 殖

鸟类性成熟期为 1～5 年。很多鸟类到性成熟表现为两性异型。繁殖期间绝大多数种类成对活动。有些种类多年结伴。有的种类一雄多雌。少数种类一雌多雄。成对生活的鸟类雌雄共同育雏，一雄多雌的鸟类大都由雌鸟育雏，一雌多雄的鸟类由雄鸟育雏。体内受精，卵生，具有营巢、孵卵和育雏等完善的繁殖行为，因而提高了子代的成活率。

鸟类在繁殖初期有发情活动，雌雄

鸟的繁殖

相遇时，雄鸟（少数为雌鸟）表现出特种姿态和鸣声。有些种类，特别是一雄多雌的种类，雄鸟间常发生格斗。发情末期或发情结束时开始占据巢区。

鸟类的育雏期为 2～13 天（如小型鸟类）到 21～28 天（雉、鸭），但有些大型猛禽的孵卵期长达 2 个月。雏鸟有早成雏、晚成雏和居间类型。大多数鸟类每年换羽一次，也有 1 年 2 次，甚至多达 4 次的（如雷鸟）。

代谢和恒温

剧烈的飞行要求旺盛的新陈代谢。高体温（40±2℃）保证了较高的代谢率，而且在垂直高度和水平方向上扩大了鸟类的活动范围。在羽毛覆盖下的静止空气形成一个良好的隔温层，飞行时的快速低温气流有助于散热，鸟类快速呼出的水气也可带走大量体热。

鸟类的呼吸功能强，空气经过气囊，到毛细支气管网中交换气体，然后由前气囊排出。无论是吸气还是呼气，气体都是单向流动（即双重呼吸）。另外，毛细支气管中的气流与肺毛细血管中的血流方向相反，交换氧气的效率远远高于哺乳动物。鸟类为完全的双循环，但保留的是右侧体动脉。鸟类的心脏容量大，心跳快，血压高，循环迅速。

水上的鸟

鸟类主要靠角质喙和灵活的舌部摄取食物。某些鸟的食道下端膨大，成为贮藏和软化食物的嗉囊，但粉碎食物主要由发达的肌胃来完成。肌胃中常存有砂粒以助研磨。鸟类消化力强，消化迅速。由于肾管和泄殖腔的重吸水作用，鸟失水极少。海鸟眼眶上部具盐腺，分泌高渗盐水，从而保持体液的渗透压稳定。

分 类

平胸类

鸵 鸟

为现存体型最大的鸟类（体重大者达135千克，体高2.5米），适于奔走生活。具有一系列原始特征：翼退化、胸骨不具龙骨突起，不具尾综骨及尾脂腺，羽毛均匀分布（无羽区及裸区之分）、羽枝不具羽小钩（因而不形成羽片），雄鸟具发达的交配器官，足趾适应奔走生活而趋于减少（2~3趾）。分布限在南半球（非洲、南美洲和大洋洲南部）。

著名代表为鸵鸟或称非洲鸵鸟，其他代表尚有美洲鸵鸟及鸸鹋（或称澳洲鸵鸟）。此外在新西兰尚有几维鸟。

企鹅类

潜水生活的中、大型鸟类，具有一系列适应潜水生活的特征。前肢鳍状，适于划水。具鳞片状羽毛（羽轴短而定，羽片窄），均匀分布于体表。尾短，腿短而移至躯体后方，趾间具蹼，适应游泳生活。在陆上行走时躯体近于直立，左右摇摆。皮下脂肪发达，有利于在寒冷地区及水中保持体温。骨骼沉重而不充气。胸骨具有发达的龙骨突起，这与前划水有关。游泳快速。企鹅通常被当做是南极的象征，但企鹅最多的种类却分布在南温带，其中南大洋中的岛屿最多，其次还分布于亚热带和热带地区，甚至可到达赤道附近，然后分布在南极大陆沿岸的，而真正在南极大陆越冬的则只有皇企鹅。

突胸类

通常翼发达，善于飞翔，龙骨突发达，最后 4~6 枚尾椎愈合为一块尾综骨。一般具有充气性骨骼，正羽发达，构成羽片，体表有羽区、裸区之分。雄鸟绝大多数不具交配器官。

鸟类种类繁多，为了研究方便，根据生态类型将其分为游禽、涉禽、鹑鸡、鸠鸽、攀禽、猛禽和鸣禽 7 个类型。

1. 游禽

喙扁阔或尖长，腿短而具蹼，翼强大或退化。

游禽能在各种类群的水域活动，从海洋到内陆河流、湖泊都有游禽的身影。游禽多喜群居，经常成群活动。

不同种类的游禽在水域活动的范围不同，有的在近水滩觅食，有的在一

游禽

定深度的水域潜水觅食。游禽的时行很杂，水生植物、鱼类、无脊椎类都是它们的食物。由于不同的取食习性，经常会有几种游禽在同一地点的不同区域取食，占据着不同的生态位。

游禽的求偶行为比较复杂，有仪式性的行为。营巢一般在近水区域的，有的就在水面上营浮巢。许多游禽会选择岛屿在地面上筑巢，多成群且地点

天　鹅

也会依季节变化而在大陆沿海和内陆迁徙。

2. 涉禽

喙细而长，脚和趾均很长，蹼不发达，翼强大。

涉禽是指那些适应在沼泽和水边生活的鸟类。它们的腿特别细长，颈和脚趾也较长，适于涉水行走，不适合游泳。休息时常一只脚站立，大部分是从水底、污泥中或地面获

鹭

固定，形成一个个的鸟岛。雏鸟是早成雏，出壳后长有绒羽，可随亲鸟游水。

游禽多有迁徙的行为，雁形的鸟常作南北向跨越大陆的迁徙，鹱形的鸟沿赤道地区做东西向迁徙，鸥形的鸟沿大陆海岸作跨越大洋的迁徙，企鹅的鸟在南极大陆

鹳　类

得食物。鹭类、鹳类、鹤类和鹮类等都属于这一类。

鹭和鹳是大、中型涉禽。鹭和鹳的外形十分像，但飞行时鹭类颈部常常弯曲成"S"形，而鹳类则颈部直伸。我国鹭类有20种，大都属于珍惜鸟类。鹤类是大型涉禽，飞行时头、颈、腿前后直伸，白鹤为世界著名珍禽。朱鹭是世界

最为濒危的鸟类之一，目前只在我国陕西秦岭有分布。

鹤类大小不等，它们的脚趾间没有蹼或仅有一点蹼，后趾的位置比前面三趾要高。飞行时颈深直。鹤的身姿挺秀，修颈长脚，举止优雅大方，节奏分明，舞姿潇洒，鸣声悦耳洪亮。我国独有的、头顶为红色的丹顶鹤被人们誉为仙鹤。

丹顶鹬

鹬类为中等或小型涉禽。种类繁多，身体大多为沙土色，奔跑迅速，翅膀尖，善于飞翔。亲鸟为保护幼鸟常把一只翅膀拖地行走诱使敌害追赶而放弃小鸟。人们常说的"鹬蚌相争，渔翁得利"的鹬就是指这种鸟。

鹬

3. 鹑鸡

喙短而强，足和爪强健，翼短圆。

4. 鸠鸽

喙短、基部具蜡膜，足短健，翼发达。

鸠鸽的主要成员为热带森林中羽色鲜艳的食果鸟类，其它则为温热带地区的食种子鸟

鹑鸡

凤冠鸠

类。鸠鸽鸟类为晚成性，亲鸟会分泌鸽乳哺育雏鸟。鸠鸽鸟类分布广泛，除两极外几乎都能见到，有些可生活于大洋中的荒岛上，比如分布于东南亚一带岛屿上的尼科巴鸠。鸠鸽科种类也非常繁多，共有 310 种，我国有 31 种。鸠鸽科成员之间体型差异也不小，小型的种类如澳大利亚的宝石姬地鸠体长不过 20 厘米。新几内亚的 3 种凤冠鸠体长则可超过 80 厘米，是鸠鸽科中最大的种类。凤冠鸠也是鸠鸽类中最漂亮的成员。

5. 攀禽

喙强直，足短健、对趾型，翼较发达。

攀禽主要活动于有树木的平原、山地、丘陵或者悬崖附近，一些物种如普通翠鸟活动于水域附近，这很大程度上决定其食性。

攀禽的食性差异很大，夜鹰、雨燕鸟类主要捕食飞行中的昆虫，䴕形、鹃形鸟类主要取食栖身于树木中的成虫幼虫，鹦形鸟类主要取食植物的果实和种子。

攀禽的繁殖非常多样，大多在树洞、洞穴、岩隙中营巢繁殖。䴕形目的鸟类大都在树干上挖掘树洞，或者利用现有的树洞营巢；翠鸟则在土壁上挖掘洞穴繁殖，雨燕会在岩壁上或建筑

攀 禽

物的缝隙中繁殖，而鹃形目的鸟类多有占巢寄生的行为，不会营巢和抚育幼鸟。

大多数攀禽为没有鸟类迁徙行为的留鸟，少数物种为迁徙的候鸟。

6. 猛禽

喙强大呈钩状，足强大有力，爪锐钩曲，翼强大善飞。

一般地说猛禽类有两大类：一类是隼形类，如老鹰、秃鹫等。另一类是鸮形类，如猫头鹰等。猛禽是食肉类鸟类，一部分食腐。猛禽都有向下弯曲的钩形嘴，十分锐利，也有非常强健的足，除鹫类外大都

猛　禽

有非常锋利的爪，它们有良好的视力，可以在很高或很远的地方发现地面上或水中的食物。全世界现生猛禽 432 种，其中隼形类有 298 种，鸮形类有 134 种。

兀　鹰

隼形最早出现在第三纪初，距今 7500 万年，是最古老的今鸟鸟种之一。细分起来这一目的猛禽可分为新域鹫、鹫鹰、兀鹰、鹗、隼等。从外形上看美洲兀鹰和旧大陆兀鹰很相似，然而它们的亲缘关系比较远，前者是新域鹫，后者则属兀鹰。不过它们在食性却非常地相

似，都以食腐为主，爪也没那么锋利。为了便于将脑袋伸进腐烂动物的身体，这类鸟的头羽基本退化或干脆没有。它们的食性猥琐与其飞行动作的矫健有太大的反差，但千万别小看了这些食性的作用，正是因为它们能及时地清除腐败的动物尸体，从而有效地限制了疾病的传播和保证了水源的清洁，因此它们有了大自然的清洁工的美誉。鹭鹰猛禽仅一种，鹭鹰的绝活不是飞翔而是奔走，它们能快速地追上蛇，并用强有力的足将蛇击昏，然后慢慢地享受。鹗也仅有一种，但除了南美洲和南极洲外到处都能见到它们的身影。这种鸟与一般的鹰看上去很相似，但有个奇特之处，那就是它们的外趾能像攀禽类那样前后移动，这在猛禽中是唯一的。另外鹗的取食也较其他猛禽特殊，它们通常是在水域的上空翱翔，发现猎物后，高速俯冲直下，潜入水中将猎物拖出。

7. 鸣禽

喙外形不一，足短细，翼较发达。

灰喜鹊

鸣禽的体型大小不等，小的如戴菊和太阳鸟，大者如乌鸦。主要为陆栖鸟类，生活于多种多样的环境中，从开阔的草原至森林。虽然鸣禽包括一些鸣声最悦耳的鸟类，如鸫，但有些种类，如乌鸦的鸣声则刺耳；有些种类很少或从不鸣啭。而雀科中的鸣禽类小鸟分布很广，遍及世界各地。它们毛色华丽，多数以种子为食，其中不乏善鸣的歌手。

鸣禽的鸣声因性别和季节的不同而有差异。繁殖季节的鸣声最为婉转和响亮。如画眉、乌鸦、黄鹂、灰喜鹊、煤山雀、黑卷尾、毛脚燕的鸣声各具特色。

鸣禽与其他栖鸟不同之处为具某些解剖特征，尤其是较复杂的发声器官——鸣管。鸣管位于气管分为两侧支气管的地方。此处的内外侧管壁均变薄，称为鸣膜，吸气和呼气时气流均能震动鸣膜而发出各种不同的声音。鸣管外侧生有鸣肌，鸣肌受神经支配，可控制鸣膜的紧张度。真鸣禽的鸣管最为复杂（但鸣啭能力并非仅由复

煤山雀

杂的鸣管所决定，因为有些鸣禽几乎从不鸣啭）。有些鸣禽的气管长且复杂地盘曲。有时延长的部分位于胸骨之内。某些称为辉风鸟的天堂鸟，气管长并盘曲于胸部皮肤与肌肉之间。可能这样的气管用以使声音产生共鸣。

毛脚燕

除了鸣啭本身外，鸣禽还能发出多种鸣声，可提供鸟类之间交往的功能。大都认为鸟类的鸣啭用于求偶及繁育，主要是雄鸟用鸣声通知雌鸟自己已准备好交配，吸引雌鸟，可能也藉鸣声激起雌鸟交配的欲望，或借以保持配对关系，并通知与之竞争的其他雄鸟，它已

建立自己的占区，不许其他鸟侵入。雄鸟的鸣声也是威胁表态的一部分，用以代替驱逐入侵者的真正的争斗。但有时鸟类也会自发地发出上述那样的鸣声，却看不出上述目的的存在。偶然雌鸟也会鸣叫，尤其是热带的种类，配对的雌雄鸟会一同鸣叫，这可能是用作加强配偶间联系的手段。通常鸣啭从一系列鸟类经常停息的栖木上发出。有些鸟类，尤其是生活于草原的种类，在飞行中鸣啭。

鸣禽约占世界鸟类的3/5。鸣禽的外形和大小差异较大。小的如柳莺、绣眼鸟、山雀和啄木鸟；大如乌鸦、喜鹊。几乎分布全中国。

鸣禽的食性各异。巢的结构相当精巧。如云雀、百灵等多以细草或动物的毛发编织成皿状巢，巢的边缘与地表平齐，而柳莺、麻雀等常用树叶、草茎、草根、苔藓等编织成球状巢。鸣禽是重要的食虫鸟类，在繁殖季节里它们能捕捉大量危害农业生产的害虫。

鸟会飞的原因

鸟类的体型呈流线型，双翅鼓动，即可借助空气的浮力上升。其骨骼坚薄而轻，但是各处的骨头要么是一个完整的骨片，要么相互愈合在一起，相当牢固。鸟类体型以及骨骼的这些独特的结构，减轻了重量，加强了支持飞翔的能力。

鸟的胸部肌肉非常发达，还有一套独特的"双重"呼吸系统，与飞翔生活相适应，保证了鸟在飞行时的氧气充足。另外，在鸟类身体中，骨骼、消化、排泄、生殖等各器官机能的构造，都趋向于减轻体重，增强飞翔能力方向发展。

其实，鸟类之所以拥有这些特点，能够自由飞翔，主要得益于亿万年的进化。说到底都是为了生存的需要，如果鸟儿不需要飞翔就能生存的话，估计它们也不会如此折腾，不会的鸵鸟就是一个例证。

动物进化的最高阶段——哺乳动物

哺乳动物是动物发展史上最高级的阶段，也是与人类关系最密切的一个类群。哺乳动物具有四肢和身长毛发的恒温脊椎动物，是所有动物物种中最具适应环境和气候变化能力的动物种类。

哺乳动物

最早的哺乳动物化石是在中国发现的吴氏巨颅兽，它生活在2亿年前的侏罗纪。从化石上看，哺乳动物（尤其是早期的哺乳动物）与爬行动物非常重要的区别在于其牙齿。爬行动物的每颗牙齿都是同样的，彼此没有区别，而哺乳动物的牙齿按它们在颌上的不同位置分化成不同的形态，动物学家可以透过各种牙齿类型的排列来辨别不同品种的动物。此外爬行动物的牙齿不断更新，哺乳动物的牙齿除乳牙外不再更新。在动物界中只有哺乳动物耳中有3块骨头。它们是由爬行动物的两块颌骨进化而来的。

到第三纪为止所有的哺乳动物都很少。在恐龙灭绝后哺乳动物占据了许多生态位。到第四纪哺乳动物已经成为陆地上占支配地位的动物了。

主要特征

哺乳动物具备了许多独特特征，因而在进化过程中获得了极大的成功。

最重要的特征

智力和感觉能力的进一步发展；保持恒温；繁殖效率的提高；获得食物

胎生的虎

及处理食物的能力的增强；体表有毛、胎生，一般分头、颈、躯干、四肢和尾5个部分；用肺呼吸；体温恒定，是恒温动物；脑较大而发达。哺乳和胎生是哺乳动物最显著的特征。胚胎在母体里发育，母兽直接产出胎儿。母兽都有乳腺，能分泌乳汁哺育仔兽。这一切涉及身体各部分结构的改变，包括脑容量的增大和新脑皮的出现，视觉和嗅觉的高度发展，听觉比其他脊椎动物有更大的特化；牙齿和消化系统的特化有利于食物的有效利用；四肢的特化增强了活动能力。有助于获得食物和逃避敌害；呼吸、循环系统的完善和独特的毛被覆盖体表有助于维持其恒定的体温，从而保证它们在广阔的环境条件下生存。胎生、哺乳等特有特征，保证其后代有更高的成活率及一些种类的复杂社群行为的发展。

皮 肤

哺乳动物的皮肤致密，结构完善，有着重要的保护作用，有良好的抗透水性，有控制体温及敏锐的感觉功能。为适应于多变的外界条件，其皮肤的质地、颜色、气味、温度等能与环境条件相协调。

哺乳动物皮肤的主要特点为：

（1）皮肤的结构完善。哺乳动物的皮肤由表皮和真皮组成，表皮的表层为角质层，表皮的深层为活细胞组成的生发层。表皮有许多衍生物，如各种腺体、毛、角、爪、甲、蹄。真皮发达，由胶原纤维及弹性纤维的结缔组织构成，两种纤维交错排列，其间分布有各种结缔组织细胞、感受器官、运动神经末梢及血管、淋巴等。在真皮下有发达的蜂窝组织，绝大多数哺乳动物在此贮藏有丰富的脂肪，故又称为皮下脂肪细胞层。

（2）皮肤的衍生物多样。哺乳动物的皮肤衍生物，包括皮肤腺、毛、角、爪、甲、蹄等。

皮肤腺：十分发达，来源于表皮的生发层，根据结构和功能的不同，可分为乳腺、汗腺、皮肤腺、气味腺（麝香腺）等。

乳腺为哺乳类所特有的腺体，能分泌含有丰富营养物质的乳汁，以哺育幼仔。乳腺是一种由管状腺和泡状腺组成的复合腺体，通常开口于突出的乳头上。乳头分真乳头和假乳头两种类型，真乳头有一个或几个导管直接向外开口；假乳头的乳腺管开口于乳头基部腔内，再由总的管道通过乳头向外开口。乳头的数目随种类而异，2～19个，常与产仔数有关。低等哺乳动物单孔类不具乳头，乳腺分泌的乳汁沿毛流出，幼仔直接舐吸。没有嘴唇的哺乳动物如鲸，其乳腺区有肌肉，能自动将乳汁压入幼鲸口腔。

另一种皮肤腺为汗腺，是一种管状腺，它的主要机能是蒸散热及排除部分代谢废物。体表的水分蒸发散热即出汗，是哺乳动物调节体温的一种重要方式，一些汗腺不发达的种类，主要靠口腔、舌和鼻表面蒸发来散热。

皮脂腺为泡状腺，开口于毛囊基部，为全浆分泌腺，其分泌物含油，有润滑毛和皮肤的作用，也是一种重要的外激素源。气味腺为汗腺或皮脂腺的衍生物，主要功能是标记领域、传递信息，有的还具有自卫保护的作用。气味腺有数十种，如麝香腺、肛腺、腹腺、侧腺、背腺、包皮腺等。气味腺的出现及发达程度，通常是与哺乳类以嗅觉作为主要猎食方式相联系的，而以视觉作为主要定位器的类群其嗅觉及气味腺均显著退化。

毛：是哺乳动物所特有的结构，为表皮角化的产物。毛由毛干及毛根组成。毛干是由皮质部和髓质部构成；毛根着生于毛囊里，外被毛鞘，末端膨大呈球状称毛球，其基部为真皮构成的毛乳头，内有丰富的血管，可输送毛生长所必需的营养物质。在毛囊内有皮脂腺的开口，可分泌油脂，润滑毛、皮；毛囊基部还有竖毛肌附着，收缩时可使毛直立，有助于体温调节。按毛的形态结构，可将毛划分为长而坚韧并有一定毛向的针毛（刺毛），柔软而无毛向的绒毛，以及由针毛特化而成的触毛。哺乳类体外的被毛常形成毛被，主要机能是绝热、保温。水生哺乳动物基本上属于无毛的种类，如鲸，有发达的皮下脂肪以保持体温的恒定。毛常受磨损和退色，通常每年有一两次周期性换毛，一般夏毛短而稀，绝热力差，冬毛长而密，保温性能好。陆栖哺乳动物的毛色与其生活环境的颜色常保持一致，通常森林或浓密植被下层的哺乳动物毛呈暗色，开阔地区的呈灰色，沙漠地区多呈沙黄色。

沙漠中的骆驼

角：是哺乳动物头部表皮及真皮特化的产物。表皮产生角质角，如牛、羊的角质鞘及犀的表皮角，真皮形成骨质角，如鹿角。哺乳类的角可分为洞角、实角、叉角羚角、长颈鹿角、表皮角等 5 种类型。

爪、甲和蹄：均属皮肤的衍生物，是指（趾）端表皮角质层的变形物，只是形状功能不同。爪，为多数哺乳类所具有，从事挖掘活动种类的爪特别发达。食肉类的爪十分锐利，如猫科动物的爪锐利且能伸缩，是有效的捕食武器。甲，实质为扁平的爪，是灵长类所特有。蹄，为增厚的爪，有蹄类特别发达，并可不断增生，以补偿磨损部分。

骨　骼

哺乳动物的骨骼系统发达，支持、保

虎有健壮的骨骼

护和运动的功能完善。主要由中轴骨骼和附肢骨骼两大部分组成。其结构和功能上主要的特点是：头骨有较大的特化，具两个枕骨踝，下颌由单一齿骨构成，牙齿异型；脊柱分区明显，结构坚实而灵活，颈椎 7 枚；四肢下移至腹面，出现时和膝，将躯体撑起，适应陆上快速运动。

肌　肉

哺乳类的肌肉系统与爬行类基本相似，但其结构与功能均进一步完善。主要特征：四肢及躯干的肌肉具有高度可塑性。为适应其不同运动方式出现了不同的肌肉模式，如适应于快速奔跑的有蹄类及食肉类四肢肌肉强大。

刺　猬

皮肌十分发达。哺乳类的皮肌可分为两组：一组为脂膜肌，可使周身或局部皮肤颤动，以驱逐蚊蝇和抖掉附着的异物。脂膜肌还可把身体蜷缩成球或把棘刺竖立防御敌害，如鲮鲤、豪猪、刺猬。哺乳类中高等的种类脂膜肌退化，仅在胸部、肩部和腹股沟偶有保留。另一组皮肌为颈括约肌，其表层的颈阔肌沿颈部腹面向下颌及面部延伸，形成颜面肌及表情肌。哺乳类中的低等种类无表情肌，食肉动物出现表情肌，灵长类的表情肌发育好，而人类的表

捕食的狐狸

情肌最为发达，约有 30 块。

消化系统

哺乳动物的消化系统包括消化管和消化腺。在结构和功能上表现出的主要特点是，消化管分化程度高，出现了口腔消化，消化能力得到显著提高。与之相关联的是消化腺十分发达。

（1）消化管。包括口腔、咽、食道、胃、小肠、大肠等。

（2）消化腺。哺乳动物的消化腺除 3 对唾液腺外，在横隔后面，小肠附近还有肝脏和胰脏，分别分泌胆汁和胰液，注入十二指肠。肝脏除分泌胆汁外，还有贮存糖原、调节血糖，使多余的氨基酸脱氧形成尿及其他化合物，将某些有毒物质转变为无毒物质，合成血浆蛋白质等功能。

呼　吸

哺乳动物的呼吸系统十分发达，特别在呼吸效率方面有了显著提高。空气经外鼻孔、鼻腔、喉、气管而入肺。

胸腔是容纳肺的体腔，为哺乳动物所特有，当呼吸活动进行时，肺的弹性口位，使胸腔呈负压状态，从而使胸膜的壁层和脏层紧贴在一起。此外，哺乳动物所特有的将胸腔与腹腔分开的横隔膜，在运动时可改变胸脏容积，

狼的呼吸很发达

再加上肋骨的升降来扩大或缩小胸腔的容积，使哺乳动物的肺被动地扩张和回缩，以完成呼气和吸气。

循　环

哺乳动物的循环系统包括血液、心脏、血管及淋巴系统。其显著特征是在维持快速循环方面十分突出，以保证有足够的氧气和养料来维持体温的恒定。

分　类

（1）原兽类：特征为卵生，卵有壳。

现生哺乳类中最原始而奇特的动物，当属鸭嘴兽。它仅分布于澳大利亚东部约克角至南澳大利亚之间，在塔斯马尼亚岛也有栖息。

它是最古老而又十分原始的哺乳动物，早在2500万年前就出现了。它本身的构造，提供了哺乳动物由爬行类进化而来的许多证据。

鸭嘴兽长约40厘米，全身裹着柔软褐色的浓密短毛，脑颅与针鼹相比，较小，大脑呈半球状，光滑无回。四

鸭嘴兽

肢很短，五趾具钩爪，趾间有薄膜似的蹼，酷似鸭足，在行走或挖掘时，蹼反方向褶于掌部。吻部扁平，形似鸭嘴，嘴内有宽的角质牙龈，但没有牙齿，尾大而扁平，占体长的1/4，在水里游泳时起着舵的作用。

母体虽然也分泌乳汁哺育幼仔成长，但却不是胎生而是卵生。即由母体产卵，像鸟类一样靠母体的温度孵化。母体没有乳房和乳头，在腹部两侧分

成年鸭嘴兽

泌乳汁，幼仔就伏在母兽腹部上舔食。

幼体有齿，但成体牙床无齿，而由能不断生长的角质板所代替，板的前方咬合面形成许多隆起的横脊，用以压碎贝类、螺类等软体动物的贝壳，或剁碎其他食物，后方角质板呈平面状，与板相对的扁平小舌有辅助的"咀嚼"作用。

（2）后兽类：它们不具真正的胎盘，幼儿在育儿袋中发育。

袋鼠是食草动物，吃多种植物，有的还吃真菌类。它们大多在夜间活动，但也有些在清晨或傍晚活动。不同种类的袋鼠在各种不同的自然环境中生活。比如，波多罗伊德袋鼠会给自己做巢而树袋鼠则生活在树丛中。大种袋鼠喜欢以树、洞穴和岩石裂缝作为遮蔽物。

后兽类

所有袋鼠，不管体积多大，有一个共同点：长着长脚的后腿强健而有力。袋鼠以跳代跑，最高可跳到4米，最远可跳至13米，可以说是跳得最高最远的哺乳动物。大多数袋鼠在地面生活，从它们强健的后腿跳跃的方式很容易便能将其与其他动物区分开来。袋鼠在跳跃过程中用尾巴进行平衡，当它们缓慢走动时，尾巴则可作为第五条腿。袋鼠的尾巴又粗又长，长满肌肉。它既能在袋鼠休息时支撑袋鼠的身体，又能在袋鼠跳跃起帮助袋鼠跳得更快更远。

小袋鼠

所有雌性袋鼠都长有前开的育儿袋，育儿袋里有4个乳头。"幼崽"或小袋鼠就在育儿袋里被抚养长大，直到它们能在外部世界生存。

（3）真兽类：特征为有胎盘，胎儿发育完善后才产出，占哺乳类的绝大部分，并分为14类。

①食虫类。身体外表有柔毛或硬刺的、外形似小老鼠的小型有胎盘类动物。包括猬、金鼹、鼹鼠、鼩鼱、刺毛鼩猬、毛猬、古巴鼩和马达加斯加猬。主要以昆虫、其他节肢动物和蚯蚓为食。

食虫动物几乎占所有哺乳动物种类的10%，体型多如小鼠或小型大鼠。大多数食虫动物既可地栖也可穴居，有些为水陆两栖，少数栖于树上或森林下层植被。几乎吃各种无脊椎动物或小型脊椎动物。其脑部的嗅叶十分发达，因此嗅觉极为敏锐。然而，与大多数其他胎盘哺乳动物相比，其大脑半球较小，表现为智力和操作能力较低。多数有长而灵活的吻（鼻），上有敏感的触毛，用来探查落叶、土壤、泥浆或水，以触觉和嗅觉来定位捕食猎物。可用前足将猎物按住，但通常是用牙咬住，仅用嘴和长鼻子即可捕食直到吞下猎物。其视力很差，眼小、退化，古巴鼩、鼩鼱、鼹

鼹鼠

鼠和金鼹的眼睛覆盖有皮肤。

②鳞甲类。身体细长，体长 30 ~ 92 厘米，尾长27 ~ 88 厘米，体重一般2 ~ 5 千克，最重达 25 千克以上，雄兽常较雌兽大些。头、嘴和眼均小，耳壳有或缺；四肢短粗，各具五指（趾）；尾扁平而长；躯体披以暗褐、暗橄榄褐或浅黄色鳞片，覆瓦状排列，可为防御天敌

中华穿山甲

侵害的工具；舌细长，能伸缩，适于舔食蚁类及其他昆虫；具双角子宫和散布胎盘，雌兽胸位有乳头两个。地栖或树栖。独居或雌雄结对。性怯懦，遇敌即将躯体卷曲成球状，把头部埋在其中，并耸起鳞片，保护自己，有时还从肛门排出恶臭液体，以驱避天敌。尾可缠绕，极善攀援。树栖者白天隐于树洞，地栖者挖洞或利用他种动物的弃洞。晚上活动，食白蚁、蚁类及其他昆虫。每胎一仔，出生后第二天鳞片即由软变硬。目前的动物有 7 种，其中亚洲 3 种，非洲 4 种。中华穿山甲，见于中国南方（包括台湾省）、尼泊尔和中南半岛。另外有印度穿山甲、马来穿山甲、大穿山甲、南非穿山甲、树穿山甲和长尾穿山甲等。

③翼手类。除极地和大洋中的一些岛屿外，分布遍于全世界。翼手目的动物在四肢和尾之间覆盖着薄而坚韧的皮质膜可以像鸟一样鼓翼飞行，这一点是其他任何哺乳动物所不具备的，为了适应飞行生活，翼手目动物进化出了一些其他类群所不具备的特征，这些特征包括特化伸长的指骨和链接期间的皮质翼膜，前肢拇指和后肢各趾均具爪可以抓握，发达的胸骨进化出了类似鸟类的龙骨突，以利胸肌着生，发达的听力等。

蝙蝠是对翼手目动物的总称，翼手类可以分为两种：大蝙蝠和小蝙蝠。

前者体形较大，多以水果为食，如著名的狐蝠，翼展可达 90 厘米之巨；后者体形远较前者为小，多以昆虫为食。

④兔形类。包括兔、野兔和鼠兔。前二者耳长、尾短、后肢发达，善跳跃；后者耳短圆，尾不外露，后肢不发达，能奔跑。本目均为中、小型兽类，最小的体长

蝙 蝠

150 厘米，体重 100 克，如鼠兔；最大的体长 700 厘米，体重 4.5 千克，如野兔。毛色多为浅褐色或红褐色，下体色较浅或为白色。雪兔于冬季为白色，仅耳尖黑色，夏季变为浅灰或米黄色。

门齿发达，持续生长，上腭两对，下腭一对，适于切断植物茎及啃咬树皮。唇活动灵活，分两瓣，闭口时于门齿后立相接触。无犬齿。颊牙位置较靠后，亦持续生长。上腭牙列各牙间隔较宽。咀嚼时腭部作横向运动，腭部咀嚼肌不及啮齿类发达。小肠长，内壁有螺旋瓣以增加消化、吸收面积。盲肠大，位于小肠与大肠相连接处，内有细菌，有助于消化，并能产生含营养素的软类团。前足四趾，后足 4～5 趾。趾行性。

野 兔

⑤啮齿类。上下颌只有一对门齿，喜啮咬

较坚硬的物体；门齿仅唇面覆以光滑而坚硬的珐琅质，磨损后始终呈锐利的凿状；门齿无根，能终生生长。均无犬齿，门齿与颊齿间有很大的齿隙。下颌关节突与颅骨的关节窝联结比较松弛，既可前后移动，又能左右错动，既能压碎食物，又能碾磨植物纤维。听泡较发达，盲肠较粗大。雌性具双角子宫，雄性的睾丸在非繁殖期间萎缩并隐于腹腔内。该目种数占哺乳动物的40%～50%，个体数目远远超过其他全部类群数目的总和。

啮齿类

多数啮齿类在夜间或晨昏活动，但也有不少种类白昼活动。冬季活动量一般减少，在冬季到来前，或在体内贮存脂肪供蛰伏时用；或秋季开始储存食物。有些口中生有临时贮放食物的颊囊。生活在中亚沙漠区的细趾黄鼠有夏眠习性。

⑥贫齿类。多数有齿（食蚁兽没有牙齿）但无齿根（故名），齿可终生生长。这些牙齿构造简单，没有釉质。不具门牙和犬牙。体重一般4～20千克，最大者达55千克；体长15～130厘米。

贫齿类是美洲的特产。贫齿目原本仅分布于南美洲，但在南北美洲再次相连后，部分贫齿目成员进入了北美洲。但

食蚁兽

在始新世，于现在德国一带出现了欧洲食蚁兽（已灭绝）。

⑦食肉类。俗称猛兽或食肉兽。牙齿尖锐而有力，具食肉齿（裂齿），即上颌最后一枚前臼齿和下颌最前一枚臼齿。上裂齿两个大齿尖和下裂齿外侧的两大齿尖在咬合时好似铡刀，可将韧带、软骨切断。大齿异常粗大，长而尖，颇锋利，起穿刺作用。反应迅速，动作灵敏、准确、强而有力。不论体型粗壮的熊类或小巧的黄鼬以至家猫、家犬等均具发达的大脑和感觉器官，嗅觉、视觉和听觉均较发达。例如警犬的灵敏嗅觉和家猫适应光照强弱的可张可缩的瞳孔都是人们所熟知的。食肉类体型矫健，肌肉发达，四肢的趾端具锐爪，以利于捕捉猎物。生活方式为掠食性，猎物多为有蹄类、各种鼠类、鸟类以及某些大型昆虫等。

食肉类

⑧鳍足类。海生食肉兽，体型纺锤状；牙齿与陆栖食肉兽相似，但犬齿、裂齿等分化不明显；肢呈鳍状，大部隐于皮下，后肢遥在体的后端与发达的尾部连在一起为主要游泳器官；趾间具蹼，前肢第一趾最长，后肢第一或第五两趾较中央的三趾长。包括海狗、海象和海豹3种：海豹科共19种，数量多亦最常见；海狗科共14种，具外耳壳和阴囊，多具集群的习性；海象科仅一种，上犬齿巨大，露于唇外，成为獠牙。分布于世界各大洋。

鳍足类完全失去在陆地上站立和行走的能力，体形似陆兽，体表密被短毛。头圆，颈短；五趾完全相连，发展成肥厚的鳍状；前肢可划水，游泳依靠身体后部的摆动，速度很快，在水中俯仰自由，又可迅速变换方向；鼻和耳孔有活动瓣膜，潜水时可关闭鼻孔和外耳道；呼吸时上升到水面，仅露出头顶部，用力迅速换气，然后长时间潜水，游出一段距离后，再次上升呼吸。一般多在水中活动，但也常在海滩上休息、睡眠。繁殖时期在海岛岸边或浮冰上进行交配、育幼和换毛。在陆地上的行动笨拙而缓慢，全靠振动身体作蠕动状前进。身体大小不一，从体长1米左右的海豹到3米长的海象、海狮不等，最大的是象海豹，雄体长达6米。

海豹

鳍足类的雌雄两性体型大小差别显著，雄性一般大于雌性一倍左右。繁殖方式：一雄多雌，雄兽往往为争配偶而相互争斗。以各种鱼类为主要食料，吃蟹、乌贼和企鹅；掘食蚌、蛤等。

⑨海牛类。通称海牛。外形呈纺锤形，颇似小鲸，但有短颈，与鲸不同。体长2.5～4.0米，体重达360千克左右；海牛皮下储存大量脂肪，能在海水中保持体温；前肢特化呈桨状鳍肢，没有后肢，但仍保留着一个退化的骨盆；有一个大而多肉的扁平尾鳍；胚胎期有毛，初生的幼兽尚有稀疏的短毛，至成体则躯干基本无毛，仅嘴唇周围有须，头部有触毛；头大而圆，唇大，由于短颈，头能灵活地活动，便于取食；鼻孔的位置在吻部的上方，适于在水面呼吸，鼻孔有瓣膜，潜水时封住鼻孔；肠的长度超过20米；胃分两室，贲门室有腺状囊，幽门室有一对盲囊；眼

海牛

小，视觉不佳；听觉良好。肺窄而长，无肺小叶；头骨大，但颅室较小，脑不发达。

⑩鲸类。鲸是一种哺乳动物，体型是世界上存在的动物中最大的。祖先和牛羊一样生活在陆地上，因为对海里的食物产生了喜爱，就迁徙到了浅海湾。又过了很长一段时间，身体慢慢退化，身体演变成了像鱼类一样的样子，才适应了海洋生活。

鲸身体很大，最大的体长可达 30 米，最小也超过 6 米。目前，已知最大的鲸约有 16 万千克重，我国发

鲸

现了一头近 4 万千克重的鲸，约有 17 米长。鲸的体形像鱼，呈梭形。头部大，眼小，耳壳完全退化。颈部不明显。前肢呈鳍状，后肢完全退化；多数种类背上有鳍；尾呈水平鳍状，是主要的运动器官。有齿或无齿。鼻孔 1~2 个，开在头顶。成体全身无毛（有许多种类只在嘴边尚保存一些毛）。皮肤下有一层厚的脂肪，可以保温和减小身体的比重。用肺呼吸，在水面吸气后即潜入水中，可以潜泳 10~45 分钟。一般以浮游动物、软体动物和鱼类为食。胎生，通常每胎产一仔，以乳汁哺育幼鲸。但许多人分其为鱼类，事实

虎鲸

上它们不是鱼类而是哺乳动物。分布在世界各海洋中。

⑪长鼻类。长鼻类是哺乳动物中体形较大的一类，目前世界上最大的陆地动物非洲象就属于长鼻类。在长鼻类演化过程中曾经出现过很多种类，但这些种类大都先后绝种，至今只有在亚洲南部的森林和非洲草原才存在野生的长鼻类动物，分别称为亚洲象和非洲象。亚洲象体型较小，只有公象才有大象牙，非洲象体型较大，公象母象都有大象牙。

⑫奇蹄类。包括有奇数脚趾的动物。在第三纪初期，多数奇蹄类是小型动物，最古类型的前肢各有四趾，后肢均为三趾。在各地发现的中、上新统的三趾马化石，四肢两旁的侧趾逐渐缩小，而现存马科动物的四肢侧趾甚至消失，第三趾高度发达，同时四肢也高度特化，肱骨和股骨很短，桡骨和胫骨特别延长，这反映出马科动物的远祖从适应森林泥土跃行到逐渐适应草原奔驰的过程。

⑬偶蹄类。基本上从始新世开始分化。中新世和上新世是其进化的重要时期。

偶蹄动物

外形上，早期的偶蹄动物类似今天的鼷鹿类：小巧，短腿，以叶子为食。始新世晚期（4600万年前），3个现代亚目已经开始分化：猪形亚目、胼足亚目和反刍亚目。然而，偶蹄目并没有占据生态主导地位，当时是奇蹄目动物的繁盛时期。偶蹄动物只能占据一些边缘生态位艰难维生。但是同时它们也在这个时候开始了复杂的消化系统的进化，从而能够以低级食料为生。

始新世开始出现了草。中新世的时候全球气候变干燥少雨，大量雨林枯亡，草原开始发育，并向全球蔓延开来，由此带来了诸多变化。草本身是一种非常难以消化的食物，而唯有拥有复杂消化系统的偶蹄动物能有效地利用这种粗糙、低营养的食物。很快偶蹄动物就取代了奇蹄动物的生态位，成为了食草动物的主导。

⑭灵长类。大脑发达；眼眶朝向前方，眶间距窄；手和脚的趾（指）分开，大拇指灵活，多数能与其他趾（指）对握。

灵长类

灵长类的多数种类鼻子短，其嗅觉次于视觉、触觉和听觉。金丝猴属和豚尾叶猴属的鼻骨退化，形成上仰的鼻孔。长鼻猴属的鼻子大又长。多数种类的指和趾端均具扁甲，跖行性。长臂猿科和猩猩科的前肢比后肢长得多。猿类和人无尾，在有尾的种类中，其尾长差异很大，卷尾猴科大部分种类的尾巴具抓握功能。一些旧大陆猴（如狒狒）的脸部、臀部或胸部皮肤具鲜艳色彩，在繁殖期尤其显著。臀部有粗硬皮肤组成的硬块，称为臀胼胝。

多数种类在胸部或腋下有一对乳头，雄性的阴茎呈悬垂形，多数具阴茎骨，雌体具双角子宫或单子宫。大多为杂食性，选择食物和取食方法各异。

狒狒

变温动物和恒温动物

体温随着外界温度改变而改变的动物，叫做变温动物，又称冷血动物，如鱼、蛙、蛇等。地球上的动物除鸟类和哺乳动物之外都是变温动物。恒温动物又称温血动物，在动物学中指的是那些能够调节自身体温的动物，它们的活动性并不像变温动物那样依赖外界温度。

在鸟和哺乳动物会通过新陈代谢产生稳定的体温。这体现在基础代谢率上。恒温动物的基础代谢率远高于变温动物。身体的体温调节系统保证体温的恒定，并且能在外界环境升高的状态下排出热量。这通常通过液体的蒸发实现，如人类的汗和狗的喘息，还有猫的舔舐等。从生物进化的角度讲，恒温动物比变温动物高级。

人类起源与文明的诞生

RENLEI QIYUAN YU WENMING DE DANSHENG

自从达尔文的进化论问世以来，人们普遍接受人类是由类人猿进化而来的这一观点。根据考古发现，人们一般认为人类的进化从类人猿开始，经历了南方古猿、能人、直立人和智人四个阶段。在自然选择的过程中，人类的每一个进化阶段都比前一个阶段更加聪慧，也更接近现代人。

在人类进化的过程中，直立行走和使用工具是两大转折点。直立行走不但解放了人类的双手，也使得人类的身体结构朝着更加适应环境的方向发展。制造和使用工具使原始人类的捕猎方式发生了根本性的转变。人类就是从懂得制造和使用工具那一刻起从动物界分化出来的。

人类的诞生和社会结构的形成文明的诞生和发展提供了必要的条件，而文明的诞生和发展又进一步推动了人类的进化。两者相辅相成，共同发展，一直发展成为了今天的聪慧的人类和高度发达的社会文明。

人类进化的四个阶段

研究人类起源的直接证据来自化石。人类学家运用比较解剖学的方法，研究各种古猿化石和人类化石，测定它们的相对年代和绝对年代，从而确定人类化石的距今年代，将人类的演化历史大致划分为几个阶段。目前一般认为，古猿转变为人类始祖的时间在 700 万年前。

从已发现的人类化石来看，人类的演化大致可以分为以下 4 个阶段：

南方古猿阶段

南方古猿属是灵长类中惟一能两足直立行走的动物。最早的南方古猿化石是 1924 年在南非开普省的汤恩采石场发现的，它是一个古猿幼儿的头骨。达特（R. Dart）教授对化石进行了研究。他发现：这个头骨很像猿，但又带有不少人的性状；脑容量虽小，但是它比黑猩猩的脑更像人；从头骨底部枕骨大孔的位置判断，已能直立行走。于是，他在 1925 年发表了一篇文章，提出汤恩幼儿是位于猿与人之间的类型，并定名为南方古猿（Australopithecus）。这在当时的人类学界引起了激烈的争论，因为那时的大多数人类学家都认为发达的大脑才是人的标志。

随后，在南非以及非洲的其他地区，人类学家又发现数以百计的猿人化石。经多方面的研究，直到 20 世纪 60 年代以后，人类学界才逐渐一致肯定南方古猿是人类进化系统上最初阶段的化石，在分类学上归入人科。

南方古猿生活在距今 100 万年到 420 多万年前。他们可以分成两个主要类型：纤细型和粗壮型。最初，一

南方古猿化石

些人还认为这两种类型之间的差异属于男女性别上的差异。纤细型又称非洲南猿，身高在 1.2 米左右，颅骨比较光滑，没有矢状突起，眉弓明显突出，面骨比较小。粗壮型又叫粗壮南猿或鲍氏南猿，身体约 1.5 米，颅骨有明显的矢状脊，面骨相对较大。从他们的牙齿来看，粗壮南猿的门齿、犬齿较小，但臼齿硕大（颌骨也较粗壮），说明他们是以植物性食物为主的，而纤细型的

南方古猿则是杂食的。一般认为，纤细型进一步演化成了能人，而粗壮型则在距今大约100万年前灭绝了。

能人阶段

能人化石是自1959年起，利基（1903—1978年）等人类学家在东非坦桑尼亚的奥杜韦峡谷和肯尼亚的特卡纳湖畔陆续发现的。这些古人类的脑容量较大，在600毫升以上，脑的大体形态以及上面的沟回与现代人相似，颅骨和趾骨更接近现代人，而且牙齿比粗壮南猿的小。在分类学上，古人类学家将他们归入人属能人

能人的生活

种。能人生存的年代在175万～200万年，当时粗壮南猿还没有灭绝。

与能人化石一起发现的还有石器。这些石器包括可以割破兽皮的石片，带刃的砍砸器和可以敲碎骨骼的石锤，这些都属于屠宰工具。因此，可以说能够制造工具和脑的扩大是人属的重要特征。

但是，能人是通过狩猎的方法，还是通过寻找尸体来获得肉食呢？能人脑的扩增与制造石器之间存在什么关系？这些都是需要进一步研究的问题。

直立人阶段

直立人是旧石器时代早期的人类。北京房山周口店直立人居住遗址出土40多个个体的人类化石、数以万计的石器、使用火的遗迹和采集狩猎的遗物，是旧石器时代早期人类社会生活的缩影。

人类劳动是从制作工具开始的。使用打制石器和用它制作的木棒等简陋工具，能做赤手空拳所不能做的事情。人们利用这些工具同自然进行斗争，

逐步改造了自然和人类本身。

人类从不会用火到会用火，是一个巨大的飞跃。北京人会用火并能控制火。他们用火烧烤食物、照明、取暖和驱兽，促进了身体和大脑的发展，增强了同自然斗争的能力。

在北京人遗址中，除发现了采集食用的朴树籽外，还发现了大量的禽兽遗骸，其中肿骨鹿化石就有 2000 多个个体，说明北京人过着采集和狩猎的生活。

智人阶段

早期智人：1848 年，在欧洲西南角的直布罗陀发现了一些古人类化石，这些化石所代表的古人类就是最先被发现的、后来被称作尼安德特人（简称尼人）的早期智人，但当时却没有引起人们的注意。尼安德特人的名称来自德国杜塞尔多夫市附近的尼安德特河谷，1856 年 8 月，在这里的一个山洞里发现了一个成年男性的颅顶骨和一些四肢骨骼的化石，被命名为尼安德特人。在这以后，尼人的化石开始在西起西班牙和法国、东到伊朗北部和乌兹别克斯坦、南到巴勒斯坦、北到北纬 53 度线的广大地区被大量地发现。尼人的生存时代为距今 20 万 ~ 3.7 万年。

尼人的脑量已达到 1300 ~ 1700 毫升；与直立人相比，头骨比较平滑和圆隆颅骨厚度减小；面部（从眉脊向下到下齿列部分）向前突出的程度与直立人相似。欧洲尼人的鼻骨异常前突，显示他们的鼻子一定很高；但是，由于他们有大的牙齿和上颚，因此推测他们的鼻子不可能像现代欧洲人那样有狭窄的鼻腔，而是有一个向前大大地扩展的鼻腔。也就是说，他们拥有一个像现代欧洲人那么高同时又像现代非洲人那

穹顶头骨

早期智人头骨

么宽的大鼻子；而且，鼻孔可能更朝向前方。

尼人创造了被称为莫斯特文化的石器工具，以细小的尖状器和刮削器为代表。当时的欧洲气候寒冷，尼人能够用火并且已经能够造火。尼人还开始有了埋葬死者的习俗。

尼 人

除了尼人之外，在欧洲还发现了一些同时具有直立人的原始性状和智人的进步性状的早期智人化石，他们包括希腊的佩特拉洛纳人（时代可能为距今 16 万~24 万年，但有争论）和法国西南部的托塔维尔人（也叫阿拉戈人，时代为距今大约 20 万年），有些学者把他们作为直立人与早期智人的过渡类型。此外，在德国发现了距今20 万~30 万年前的斯坦海姆人，在英国发现了距今约 25 万年前的斯旺斯库姆人，两者头骨特征非常相似，其形态显得比尼人进步，但是其时代却比尼人还要早。因此，有些学者把他们称为"进步尼人"或"前尼人"并认为他们才是后来的晚期智人的祖先；而其他时代较晚的尼人被称为"典型尼人"，在距今 3.3 万年前绝灭或者说被晚期智人替代了。

在非洲，早期智人有发现于埃塞俄比亚的被认为是过渡类型的博多人（年代在距今 20 万~30 万年前）和发现于赞比亚的布罗肯山人（年代为距今 13 万年以前）。

中国的早期智人化石都是在 1949 年以后发现的，材料主要包括北部地区的大荔人（发现于陕西省大荔县）、金牛山人（发现于辽宁省营口市）、许家窑人（发现于山西省阳高县）、丁村人（发现于山西省襄汾县）和南部地区的马坝人（发现于广东省曲江县）、银山人（发现于安徽省巢湖市）、长阳人

（发现于湖北省长阳县）、桐梓人（发现于贵州省桐梓县）。

亚洲其他地区的早期智人还有发现于印度尼西亚梭罗河沿岸的昂栋人（也叫梭罗人），形态上显示出一些直立人到早期智人过渡的状况。

晚期智人：中国最先发现的晚期智人化石就是著名的周口店山顶洞人。这些化石是 1933 年在龙骨山的山顶洞中发掘出来的，包括完整的头骨 3 个、头骨残片 3 块、下颌骨 4 件、下颌残片 3 块、零星牙齿数十枚、脊椎骨及肢骨若干件。但是由于日本发动的侵华战争以及后来的太平洋战争，这些材料和当时所有的北京猿人化石一起被弄得不知去向。幸而在这批珍贵材料失踪前他们被做成了模型，这些模型成为我们今天重新研究这一时间段人类发展状况的重要依据。

新中国成立后，我国广大地区又发现了一系列重要的晚期智人化石。其中包括进化程度与山顶洞人相当的柳江人头骨（发现于广西柳江县）、比山顶洞人和柳江人进步的资阳人头骨（发现于四川资阳县）和穿洞人头骨（发现于贵州普定县），以及分别被称为河套人、来宾人、丽江人和黄龙人的零散化石材料。

石器时代

石器时代是考古学对早期人类历史分期的第一个时代，即从出现人类到青铜器的出现这一漫长的历史时期。石器时代大约始于距今二三百万年、止于距今 6000 ~ 4000 年左右。这一时代是人类从猿人经过漫长的历史，逐步进化为现代人的时期。

这时因为科技不发达，人们只可以石头制造简单的工具。最初的石器是打制的，即人们常说的旧石器，后来逐步发展成为磨制石器。随着磨制石器的出现，人类社会也从旧石器时代发展到了新石器时代。

从灵长类到人类的过程

直立行走的标志

人类的出现有其一段漫长而复杂的发展历程，是自然选择地从某类高级哺乳动物中逐步进化发展而来的。

地球上，在现存的哺乳类动物中，灵长类动物最接近人类的行为特征。因为灵长动物综合了各种哺乳类动物的优点，而人类的优点还远在灵长类动物之上。那么，人类是如何从灵长动物进化而来的？

自从脊椎爬行动物从水的岸边生存为主逐步分离到陆地生存以后，它们从岸边到平原，又从平原走向树林，再从树林走向森林。要走过这些各自不同的生存环境

直立人

阶段，就必须经过漫长渐变和逐步适应不断推进的过程。在这个漫长的发展阶段中，逐步进化出产蛋动物和哺乳类动物。在哺乳类动物中，又逐步演化出能适应树居、穴居的灵长类动物。灵长类动物从原来的以地面生存为主，逐步走向以树上生存为主的变化过程。这有着本能的原因，主要是能够彻底避开来自地面兽类的袭击和干扰。同时因为树上有丰富的树叶和果子食物为它们提供了优质食物的来源。灵长类动物在地面生存时，是依靠四肢互相配合进行行走活动的，其重心是落在四肢的平衡点上。自从它们逐步适应在树上生存之后，它们的体型体态需要与树上生存环境相适应，逐步使自身的体型体态发生了相应变化，演化出现了以半直立式进行生存活动的形态，前肢出现了半解放的状态。它们经常在森林中爬树，在树枝上觅食，坐在树枝上

树上的灵长动物

吃食物，久而久之，便使其头部能逐步适应在重心的上端，而且大部分时间身体的重心是依靠下肢和臀部来支撑，逐步形成了可以适应以半直立行走进行生存活动的状态。与此同时，它们在前肢半解放的状态下，不再依靠原来在地面生活时直接用嘴来觅食，而可采用间接的觅食方式，即能逐步利用前肢来取物，使半解放的前肢逐步演变成为一对可自主控制的活工具，这样就出现了灵长动物半灵活的双手。它们由于长时期在森林里进行着各种不同环境的生存活动，已具备能在树上求生存活动的种种适应性。

起初能适应在树上生存活动的灵长类动物体型是很小的，它们白天在树上活动，而晚上还是回到地面的小洞穴里睡觉。同时，它们生儿育女也在小洞穴里进行。它们经常从树上至小洞穴来回行走，就会出现一段危险地带，因为随时都可能会有天敌的出现。为了安全起见，有部分特别聪明的灵长类动物物种，能彻底放弃在地面生存的习惯，将家搬到树上去。它们选择在较大的树杈或树洞，并铺上树叶建立自己赖以生存的栖息地。同时，在树上生存的特殊环境，会使它们的睡眠方式因不同的环境而不断改变，从坐睡到趴睡，从趴睡到侧睡，又从侧睡到仰睡的变化适应过程。最终它们习惯采用侧睡和仰睡这两种感觉非常舒服的睡眠姿势。

灵长类动物逐步在树上完成了一切求生存的活动。它们能彻底避开来自地面生存时的天敌，生存系数大大增加，它们能在森林里自如地繁衍后代。体型体态不断相应增大，形成了一个繁盛的发展时期，逐步形成了多种多样的物种。然而，由于自然界在物理性原理的作用下，经常会出现酷热、雷击和火山爆发等自然现象，常会引发森林大火的发生，大火彻底破坏了它们美好的栖息地。有的亲眼看见同类被大火白白烧死，心惊胆战，不再敢回到森林里生存。不得不又回到原来的地面上进行生存，无家可归、四处流浪。而且又经常会遇到来自地面及空中的天敌和天灾，生命随时会受到严峻的威胁。

因求生存的本能所在，有部分灵长动物种群选择在较大的洞穴里建立新家，晚上会把洞口堵住，能彻底避开来自地面天敌的袭击。同时，在洞穴里生存，能感觉到像在一个天然的温室环境下生活，而且，没有风吹雨打、没有阳光曝晒，更具安全感。它们会把树叶铺在地面上作为栖息地，睡眠姿势与在树居时习惯的姿势相同。它们生殖和哺育后代都是在洞穴里进行，取食是集体在野外进行，并有专门成员站岗放哨。在如此良性环境中所生存的灵长类动物种群，不断繁殖后代，不断壮大自身种群的数量，逐步演化出较大体型的灵长动物类型。

灵长类动物的生存发展道路也是十分艰难曲折的，它们先后经过从平地走向树林，从树林走向森林，从森林又走向原野，再走向洞穴。某种穴居生活的灵长类动物种群，由于原来长期在树居生存活动中所形成半直立式的体型体态，在此基础上长时间在洞穴中选择了以仰睡这种睡眠姿态。并能在洞穴里选择在较为平坦的地面上作为栖息地，久而久之，便使其体型体态和骨架产生了相应变化，平坦的地理环境与仰睡的方式相结合，就能逐步改变了此类灵长动物下肢骨盆的角度，以及自身骨架也发生了相应形态的改变，并从原来在陆地生存时的约 90 度的后肢骨盆逐步向约 180 度形态改变，并从原来的两条后肢逐步向两条下肢的相应转变。从原来四肢行走时，身体骨架呈形态逐步演化形成呈 90 度的形态转变。这样，此类灵长动物物种就能逐步地实现以直立行走的方式，来进行求生存活动。

正由于此类灵长动物物种长时期适应在洞穴里生存，尾巴的功能很少使用，因而逐渐退化，直到消失。灵长动物从四肢行走逐步实现以直立行走的变化过程，是此类灵长动物种群逐步繁衍而成为猿类动物的过程。在此基础上，最终导致了原始人类的出现。直立行走的生存方式可以减少太阳照射的面积，起到保持身体能量和体力的作用，具有视野广阔、灵活性大、奔跑速度快、更具安全感、生存空间更广、生存系数增大等特点。猿类动物是形成原始人类的初级生命形态，是古人类出现的过渡性物种。

此类灵长动物从四肢行走逐步进化走向直立行走的过程，实现了走路形式的彻底改变。是与其分别在地面、树居、穴居的不同生存环境和选择不同的睡眠姿势有着千丝万缕的联系。环境的不断改变，使此类穴居灵长动物种群进化成为以直立行走的形式来进行求生存活动，逐步演化而成为猿类这一高等的动物物种，并在此基础上孕育实现原始人类的诞生。

前肢的解放

这些灵长动物种群从四肢行走转变为直立行走之后，它们的前肢就实现了彻底的解放，并在原来树居时前肢得以半解放的基础上，逐步进化形成较为灵活的双手。它们不再借助前肢来在地面上进行行走以及支撑自身重心的平衡。在此情况下，两条后肢逐步演变成为两条下肢，肌肉逐步增多，骨架相应改变，以逐步适应能完全依靠两条下肢来支撑身体重量和重心平衡，随着时间的推移，逐步演化成为后来人类行走活动的双腿与双脚。

用前肢劳作

前肢的彻底解放，成为人类求生存活动的活工具，同时造就了人类灵活的双手。人类双手的形成是经过了漫长而曲折的发展历程。从爬行类动物的爬行和挖洞开始，到哺乳类动物采用前肢来捕猎和觅食，再到灵长动物在树居生存活动时，前肢得以半解放状态下的炼就，更重要的是实现直立行走之后，猿类和原始人的进化。它的灵活性是伴随着自身物种进化的不同阶段发展而发展的，是层级推进的。人类双手的形成，大大地增强人类求生存活动的能力，人类可以利用双手来制造生存工具，可借助石具、木具、竹具等自然工具来进行捕猎、取食和作为生活用品；

双手能改善人类的生存环境，如建房、种养、制造生活用品、加工食物等；进入文明社会后，双手与思维相结合能创造新生事物以及制造出更先进的生存和生产工具，如造纸、指南针、活字印刷、制造火药、制造机械等；双手能改造自然，如造河、造湖、造坝、造城等。双手与悟性相互结合能使人类生存有更多的新突破、有新发明和新创造。

工具的出现

直立行走形成之后，古人类的捕猎以及觅食行为都发生了惊人的变化，实现了从原始直接式向间接式的飞跃转变。原始的直接式是采用前肢和嘴来进行捕猎和觅食的，在此过程中，容易因受到猎物的挣扎和反抗会给自身带来创伤；而间接式起初是通过借助自然工具来进行捕猎和觅食的，如能利用石头、木头和竹具来制造带尖的石具、木棒、竹签和矛等。古人类采用这些间接方式来进行捕猎，大大地提高了捕猎成功率，同时降低了因猎物挣扎和反抗所带来的伤害。工具的使用，明显地扩大了食物来源的范围，不仅仅摄取植物枝叶、果实，还增加了肉食品种；而且，还能集体合力敢对大型动物和凶猛的野兽进行围攻和猎杀，更有效地保障了种群生存的需要。

工具的出现也有其漫长的发展历程。早在哺乳类动物大量出现时，已有某些哺乳动物能采用简单的工具来进行捕食。如水獭，它能将海洋里的贝壳类动物和石头一起带到海面上，并将其往石头上抛，把贝壳摔开后从中取食。在灵长类动物出现之后，表现得更为普遍。如猩猩、大猩猩、黑猩猩以及狐猴、指猴、狒狒、猕猴等，它们自身的前肢就是一对现成的活工具，而且绝大部分都可以利用树枝或草枝以及石头等简单工具来取食。以上的

水 獭

例子，只是动物初步懂得和认识使用工具的萌芽状态，是动物逐步认识到工具对其在今后求生存活动中所起到的重要作用，为以后发明工具、制造工具打下了坚实的认识基础。

自从古人类在自然选择和选择自然中懂得自种食物和自养动物的那时起，标志着它们已从动物的自然选择生存形态开始向人类的选择自然生存形态分离，从此走进了原始人类的主动生活道路。在懂得使用原始工具来进行求生存活动认识的基础上，逐步发展和创造了各种各样的种养工具。随着人类文明的不断发展，先后创造了生活工具、机械工具和科学工具等。

动植物的驯养

动植物的驯养是人类社会生产力第一次飞跃。在长期的采集和渔猎生活中，原始人类将吃不完的植物种子种在地里，待其成熟便开始收获。这就是原始农业的起源。原始人类将吃不完的野生动物，尤其是幼兽暂时养起来，便是动物驯养的开始，也是原始畜牧业的起源。经过相当长的历史时期，原始人类不断对驯养的动植物进行优化选择，粮食作物和家畜（禽）便出现了。

动植物的驯养使得原始人类不必再跟随动物迁徙脚步而奔波，也不必将所有的精力都用在采集和渔猎上了。人类便在气候宜人的地方定居下来。人类稳定的社会结构便逐渐形成了。由此可见，动植物的驯养在人类文明的发展中占有重要地位。

文明在人类进化中萌芽

语言的出现

哺乳类动物在四肢行走生存阶段时，由于生存的体态因素决定了其头部位置较低，喉咙的发展受到限制和压迫，所发出的音阶和音频数量很少，声音太过于单调，或长音，或短音，或连续发出一个同样的单音，而且没有任何音阶和音频的连续变化。从它们所发出的声音来看，这些并不是语言，而是种群之间求生存活动中的信号。因为当它们遇到危险时，会发出一种单音的信号告诉同伴脱离危险；当遇到丰富食物时也发出一种单音信号来召唤同伴来取食；当遇到迁徙、遇到离队时，也发出一个单音信号来召唤；当遇到天敌时也会发出一种信号告知同伴作好提防和逃跑的准备。还有，它们所发出的简单信号的响亮声音还能起到号召和震慑等作用。从它们所发出的简单信号来看，都是有其意思和作用的，都是本群体在求生存活动中的单一表白，但这些表白由于过于单调，只能一方发出和对方接受，而不能交流，换句话来讲，它们只有语而没有言。但这种简单的表白方式是语言发展的基础，是高等动物语言发展的过渡性形式。因为如果动物没有能发出声音的声带生理体系，就根本不可能会有后来人类语言的出现。

早期的语言

　　自实现直立行走之后，孕育着原始人类的诞生。原始人的喉咙从此不受压迫和限制，彻底解放，不断增大，不断循环使用，所能发出的音阶和音频不断提升。随着发音声带系统的不断使用和扩大，便使古人类逐步掌握在所发出的音阶能达到18度左右的适用性范围，音阶和音频的适用性掌握得越多，可以组成的单一表白数量就越多。他们逐步能把一个或几个不同的音阶和音频交叉地组合，并能固定地代表在生活中的某种意思，不断积累，互相传播、互相交流，逐步形成了传播和使用范围内互相认同的人类族群语言。所谓人类语言，是指人类族群把一个或几个不相同的音阶和音频组合或交叉地组合起来，固定地代表生活中的事和物的意思，并互相之间达到用来交流的具体体现。人类语言的出现不仅能起到经验交流、工作交流、生活交流、技术交流、文化交流和学术交流的作用，还能起到相互理解，实现共生性的统一步调，使人类生活得更加和谐与便利等作用。它对推动人类文明社会的不断发展有着极其深远的影响。

文字的出现

古人类属于群居性生活的高级动物，是由大小不同的族群所组成的。他们为了求生存的需要，经常分工合作，集体去捕猎和取食。族群组成的时间越长，数量就会相应增加，年轻力壮的去捕猎和取食，老少弱残者留在洞穴里做后勤。族群大的很快会将近处的猎物捕完，近处根本无猎可捕。为了寻求食物来源，他们必须要到更远的地方进行捕猎和取食。久而久之，捕猎的地带不断地远离自身族群的栖息地。而留在洞穴里的老少弱残者，如何去将前线成员所捕的猎物和食物拿回来呢？捕猎地点离得太远了，又如何能找到正确的方位呢？有些聪明的古人类采用了很简单而又实用的原始办法：即年轻力壮的捕猎队伍在每天出发去捕猎时，在沿路上关键的地方，都画上一个简单的符号来代表某种意思，如箭头，"←"这个符号是代表向左边走；"↑"表示直行；"→"是表示向右走等。后勤的成员就能沿着符号所表达的方位快速、准确地去到捕猎地点，并能将猎物和食物及时带回洞穴里。实现本族群共生性的生存效果。

自从古人类懂得以一个简单的符号来代表某种意思之后，他们就在此基础上逐步发展了用不相同的简单符号来固定地表达不相同的意思，并在族群里不断通过想象方式来增加不相同的符号数量，这样，就逐步把不相同的符号分别固定地代表不相同的意思。在族群里不断积累、传播，逐渐形成了简单的约定俗成的多样性的文字。后来，他们还把简单的符号用硬物刻在木块和竹块上，最终成为传播和使用范围内人类族群文字的出现。

自从人类发明了造纸和印刷技术之后，人类的文明成果就能得以保存下来，人类的文字才能得到蓬勃发展。所谓文字，就是指人类族群把一个或几个不相同的符号用不同方式组合起来，固定地代表生活中的事和物意思的具体体现。人类文字的出现，不仅起到传播和保留生存经验的作用，还能起到积累经验教训、教育后代成长、社会各领域先进性的展现、文明成果的相互交流等作用。它对人类文明社会的发展有着极其深远的推动作用。

衣服的出现

古人类不管是春夏秋冬，还是日晒雨淋，都要去寻找食物和捕猎，在路途中经常会遇上暴风骤雨，此时他们会选择在树下或山洞中躲避；夏季阳光曝晒，他们采用葵叶或蕉叶之类的植物来遮挡，以此来降低能量的消耗和阳光对身体的辐射；他们在捕猎时要隐蔽自己，不被猎物所发现，也采用了自然环境遮挡的办法。在这种被动遮掩的基础上，逐步认识和发展了采用以手拿着可隐蔽自己的遮掩物去进行捕猎，并从原来的被动遮挡方法转变为一种主动的遮掩手段，在此基础上，进一步发展到把遮掩物固定在身上来进行遮掩捕猎。这种手法不仅可以蒙蔽猎物，还能腾出双手，更具机动性和灵活性，更加容易靠近猎物，使捕猎成功率大大提高。同时，既可以遮挡雨淋，也可以遮挡阳光曝晒，更可以防止在捕猎过程中被植物的刺所伤。而且它们在冬季采用这种手法来进行捕猎时，还会感觉到身上带有温暖，而且不怕寒风侵袭。在此认识的基础上，有部分聪明的古人类发明在冬天采用猎物的皮毛固定在身上进行保暖。这样，古人类从捕猎时采用植物的叶来进行遮掩，逐步发展到采用固定物在身上进行遮掩的捕猎手段，这一过程就能使某些古人类认识到遮掩物不仅起

衣服的出现

到蒙蔽猎物的作用，还能起到对身体的保暖作用，这样，逐步实现了古人类原始衣服的出现，并在族群之间广为传播，不断发展。

此后，逐步演变出现人工制衣的初级方式。他们采用动物的皮毛来制作衣服，用植物的叶、草、皮和丝以及动物的蚕丝人工编织衣服。随着人类文明的相应进步，科学技术的迅猛发展，相继出现了人工针织制衣和机械制衣等先进方式，这些先进制衣方式的出现，大大地丰富了人类衣服的多样性、观赏性、合适性和选择性。人类衣服的出现不仅起到对身体的保护、保暖作用，还能逐渐降低身上起保暖作用的毛发生长，使人类的皮肤逐渐达到光润夺目；同时，还有蔽体、保护隐私、装饰、减少阳光的辐射等作用。而且也能增加人类美丽的色彩和造型，丰富了人类的文明生活。衣服的出现，对人类文明社会的发展有着其重要的现实意义。

人类早期的文字

根据考古发现，一般认为图画文字是人类社会最早出现的文字。所谓的图画文字其实并不是真正的文字，只是采用图画的方式来记载重大事件。它的局限性很大，因为有些实体事物和抽象事物是画不出来的。

在图画文字的基础上，人类逐步发明了其他具有表意功能的系统的早期文字。埃及的象形文字、两河流域的楔形文字、古印度文以及中国的甲骨文，都是人类社会较早出现的文字，对人类文明的发展起到了巨大的推动作用。